計測・制御
テクノロジー
シリーズ
7

計測自動制御学会 編

フィードバック制御

荒木　光彦
細江　繁幸　共著

コロナ社

出版委員会（平成23年度）

委 員 長	黒 川 哲 明
委　　　員	伊 丹 哲 郎
（五十音順）	稲 垣 克 彦
	小 野 　 功
	倉 田 成 人
	末 冨 隆 雅
	滑 川 　 徹
	温 井 一 光
	早 川 朋 久
	村 上 弘 記
	山 口 晃 生

まえがき

　本書は，フィードバック制御系を解析・設計するための理論を述べた教科書であり，その構成は以下のとおりである。

　*1*章でフィードバック制御の概要を説明した後，*2〜6*章で状態方程式に基づく理論の基礎的事項，すなわち遷移行列，等価変換，システムの極，可制御性と可観測性，伝達行列などについて述べている。そのなかで，モード分解やシステムの安定性などを自然な形で導入している。また，安定判別の代数的な手法（ラウスおよびフルビッツの安定判別法），ラプラス変換を用いた遷移行列の計算法，一般化固有ベクトルに関する簡単な解説，ブロック線図で表現されたシステムの状態方程式の導出方法なども紹介しておいた。

　*7*章と*8*章で，フィードバック制御系設計の基礎となる事項を述べている。この2つの章に含まれる状態フィードバックによる極配置，オブザーバ，サーボ系の内部モデル原理，2次形式評価に基づく最適制御系などは，フィードバック制御系設計にとって本質的な事項である。また，この2つの章では，実用的に重要な2自由度性についても説明を加えておいた。

　*9〜11*章では，フィードバック制御を周波数特性という立場から考察しており，フィードバックと安定性の関連やフィードバック制御系の性能とロバストネスを扱っている。また，古典的と呼ばれているフィードバック制御系の設計手法（位相進み・遅れ制御およびPID制御）の原理も紹介している。

　*12*章では，実用上避けることのできない非線形性の取扱い方について簡単な説明を加えた。

　自動制御の（より一般的に工学の）教科書の書き方として，2通りの重点の

置き方があると考える。ひとつは「データを入れれば結果が得られる」といったタイプの知識に重点を置いて，即戦力を養成しようという書き方である。もうひとつは，基礎的な考え方や理論をよく理解してもらって，新しいタイプの問題にも応用が効く実力をつけてもらおうという姿勢である。もちろん，この2つの目標は決して矛盾するものではなく，十分なページ数があれば両方を目指すべきところであろう。しかし，実際にはページ数の制約があるので（これは決して出版社の責任ではなく，大学における講義時間の制約を反映したものにほかならないのであるが），いずれかに偏らざるをえない。その結果，最近は，前者のタイプの教科書が多くなっている。本書は，決して時代の趨勢に逆らうつもりはないが，結果的に後者の姿勢を保った教科書に仕上がったと思う。

　本書は企画から10年以上経ってやっと刊行できることになった。著者両名がそれぞれ大病を患ったという事情があったわけだが，その間，辛抱強くお待ちいただいた関係者の方々，特にコロナ社の方には深く感謝している。また，本書は1名の著者が講義に使っていたプリントを種として，もう1名が不十分な部分を補足する形で完成させたものであり，当初のプリント作成に協力していただいた助教授（当時）および秘書の方々にも感謝したい。

　2012年3月

荒 木 光 彦

細 江 繁 幸

目　　　次

1. フィードバック制御について

2. システムの状態とその変化

2.1　状態方程式 …………………………………………………………… 5
2.2　遷移行列 ……………………………………………………………… 8
2.3　遷移行列の基本的な性質 …………………………………………… 10
2.4　遷移行列の計算法と固有ベクトル ………………………………… 14
　問　　　題 ……………………………………………………………… 17

3. 等価変換とモード分解

3.1　状態方程式の等価変換 ……………………………………………… 19
3.2　モード分解 …………………………………………………………… 21
3.3　実数の範囲のモード分解 …………………………………………… 24
3.4　一般化固有ベクトルについて ……………………………………… 27
　問　　　題 ……………………………………………………………… 30

4. システムの極と安定性

4.1　Aの固有値・固有ベクトルを使った遷移行列の表現 …………… 31
4.2　システムの極と遷移行列に含まれる関数 ………………………… 34
4.3　システムの安定性 …………………………………………………… 35
4.4　ラウスの安定判別法 ………………………………………………… 37
4.5　フルビッツの安定判別法 …………………………………………… 39

4.6 リアプノフ方程式 ………………………………………………………… *41*
問　　題 ……………………………………………………………………… *43*

5. 可制御性と可観測性

5.1 可制御性と可観測性の定義 ……………………………………………… *44*
5.2 可制御性の条件 …………………………………………………………… *45*
5.3 可観測性の条件 …………………………………………………………… *49*
問　　題 ……………………………………………………………………… *50*

6. 伝達行列 ― システムの入出力特性

6.1 伝達行列と伝達関数 ……………………………………………………… *51*
6.2 伝達関数の最小実現 ……………………………………………………… *54*
6.3 伝達関数の入出力応答 …………………………………………………… *55*
6.4 ブロック線図 ……………………………………………………………… *58*
6.5 ブロック線図で表されるシステムの状態空間表現 …………………… *60*
6.6 システム結合と可制御・可観測性 ……………………………………… *62*
問　　題 ……………………………………………………………………… *64*

7. 極配置法によるレギュレータの設計と追従制御系

7.1 状態フィードバックによる極配置 ……………………………………… *65*
7.2 オブザーバ ………………………………………………………………… *69*
7.3 オブザーバを用いた出力フィードバックによる極配置 ……………… *70*
7.4 サーボ系と内部モデル原理 ……………………………………………… *73*
7.5 2自由度追従制御系 ……………………………………………………… *76*
問　　題 ……………………………………………………………………… *78*

8. 2次形式評価に基づく最適制御系設計

8.1 最適レギュレータシステム ……………………………………………… *79*

8.2　2自由度LQIサーボ系 …………………………………………… *83*
問　　題 ………………………………………………………………… *87*

9. フィードバック制御系の周波数特性と安定性

9.1　システムの周波数特性 ……………………………………………… *88*
9.2　ベクトル線図とボード線図 …………………………………………… *90*
9.3　周波数応答とフィードバック制御系の安定性 ― ナイキストの
　　　安定判別法 …………………………………………………………… *96*
9.4　安定性のロバストネス ……………………………………………… *101*
9.5　最適システムの円板条件 …………………………………………… *105*
問　　題 ………………………………………………………………… *107*

10. フィードバック制御系の制御性能と周波数特性

10.1　対目標値応答と感度関数,相補感度関数 ………………………… *108*
10.2　感度条件と相補感度条件の競合 …………………………………… *110*
10.3　ボード線図における不等式制約 …………………………………… *112*
10.4　応答の速さと周波数特性 …………………………………………… *115*
問　　題 ………………………………………………………………… *116*

11. 周波数応答法による制御系設計

11.1　位相進み・遅れ補償 ………………………………………………… *117*
11.2　H_∞ 制　　御 ………………………………………………………… *126*
11.3　PID 補　　償 ………………………………………………………… *130*
問　　題 ………………………………………………………………… *133*

12. 非線形システム

12.1　非線形システムの線形化 …………………………………………… *134*
12.2　非線形システムの安定性 …………………………………………… *140*

12.3 リアプノフの安定解析……………………………………………*143*
12.4 線形化による非線形システムのリアプノフ安定解析………………*146*
　問　　　題………………………………………………………………*149*

付　　　録
　ラプラス変換………………………………………………………*150*

引用・参考文献 ………………………………………………*152*

問 題 解 答 …………………………………………………*155*

索　　　引 ……………………………………………………*189*

1

フィードバック制御について

　本書では,位置・速度・温度・レベル†・流量・圧力などの物理量を自動制御する方法について考えていく。この種の自動制御においては,**フィードバック制御**(feedback control)が重要手段である。フィードバック制御システムの基本的な構造は**図1.1**のとおりである。

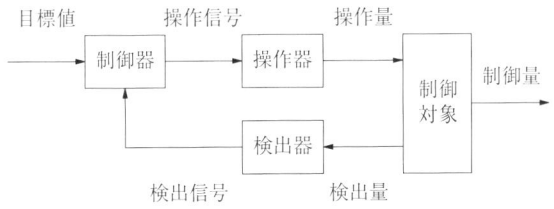

図1.1 フィードバック制御システムの基本的な構造

　図1.1で,**制御対象**(controlled object)とは自動制御を行いたい対象,例えば台車,電車,電気炉,タンクなどである(**図1.2**)。制御対象のことを**プラント**(plant)と呼ぶことも多い。**制御量**(controlled variable)が「制御したい物理量」で,台車の位置,電車の速度,電気炉の温度,タンク内の液体のレベル†などである。**操作量**(manipulating variable)は制御量を変化させるのに使う別の物理量であり,台車に加える力,電車の駆動用モータにかける電圧,電気炉の加熱用電流,タンクの注入口のバルブ開度などである。

　操作器(manipulator)は,操作量をつくり出す装置であり,例えばリニアモータ,電圧源,電流源,バルブを動かす駆動装置などになる。これを**アクチュエータ**(actuator)と呼ぶことも多い。操作量の大きさを決めるために操作

---

† タンクなどに蓄えられている液体の「表面の高さ」のことで,プロセス制御分野の専門用語である。「液位」ともいう。

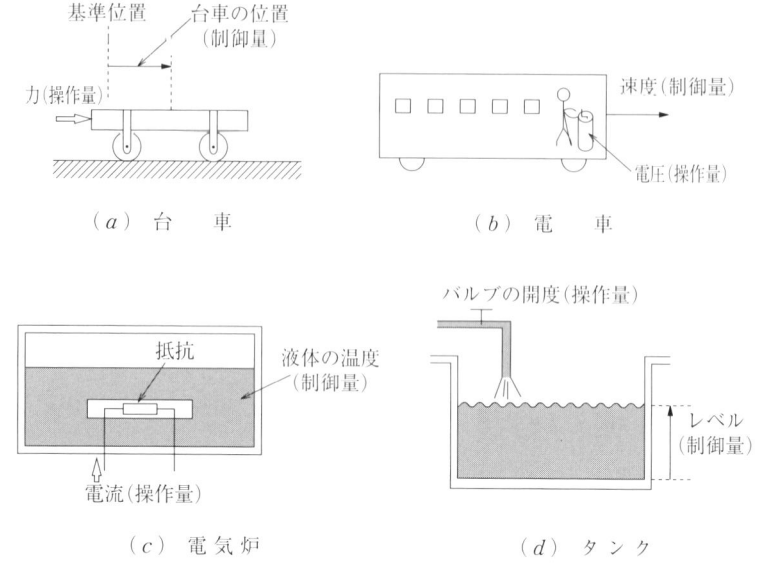

図 1.2 制御対象の例

器に与えられる信号を **操作信号**（manipulating signal）と呼ぶ。**制御器**（controller）はこの操作信号をつくる要素で，現在ではほとんどの場合，コンピュータとなっている。このコンピュータのなかで，どのような計算をして操作信号を決めればよいかが本書のおもなテーマとなる。

　目標値（reference variable）は，制御量をどのように変化させたいかという指令値であり，**設定値**（set-point variable）と呼ぶこともある。**検出器**（detector）は，制御対象の物理量を時々刻々（すなわちオンラインで）測定する測定器のことで，測定される物理量を **検出量**（detected variable）と呼ぶ。検出量は制御量そのものを含むことが望ましい。検出器によって得られる測定データが **検出信号**（detected signal）である。

　フィードバック制御とは，「結果（すなわち検出量）をもと（すなわち操作器）に戻して制御する」という意味であり，フィードバック制御システムにおける検出器，制御器，操作器がちょうど人間の感覚器，頭脳，手足に対応する。先に述べたように，現在ではほとんどの制御器がコンピュータであるが，

コンピュータは時間軸においても空間軸においても離散的な動作しかできない。一方,制御対象の諸量は連続的に変化する。両者の整合をとるために,制御装置の入口と出口に,それぞれサンプラー(A-D 変換器)とホールド回路(D-A 変換器)という要素を挿入する。実際の制御の問題では,このような離散/連続間の整合問題をも含めて検討しておく必要がある。しかし,そこまでの話題を1冊の書物でカバーすることは難しいので,本書では制御器も連続的動作をするものとして考察する。制御器がコンピュータであるために生じる諸問題については,他の書物を参照されたい[7],†。

なお,フィードバック制御は,目標値がつねに一定の場合と,時間的に変化する場合で設計の方法がわずかだが異なる。この違いに応じて,制御系を**レギュレータ系**と**サーボ系**に分類することがある。前者は定置制御系とも呼ばれ,制御量を一定値に保つことを目的とする。温度,圧力,流量,レベル,成分などのプロセス変量を制御するプロセス制御系は代表例である。一方,サーボ系は追従制御系とも呼ばれ,物体の位置,方位,姿勢など,力学量を制御する制御系が多い。

最後に用語と記号について述べておく。何らかの物理量 u を変化させると他の物理量 y が変化するような対象を,**システム** (system) または系と呼び,u のことを**入力** (input),y のことを**出力** (output) と呼ぶ。制御対象は,操作量を入力,制御量および検出量を出力とする"システム"である。また,フィードバック制御システムは,目標値を入力,制御量を出力とする"システム"である。記号については,虚数単位を j で表す。

---

† 肩付き数字は,巻末の引用・参考文献の番号を表す。

コーヒーブレイク

フィードバック制御の歴史

浅い水盤に水を満たしてボトルを逆さに入れておくと,水の深さがボトルの口の位置あたりに維持できる。これもフィードバック制御の一種であり,このようなメカニズムは昔から使われてきた(図1)。

現在の技術に直結するような形でフィードバック制御が重要な役割を果たすようになったのは,産業革命の原動力となったWattの蒸気機関においてである(図2)。蒸気機関では,遠心力によって蒸気流量を調節して回転数を制御するガバナーという装置が使われた。ガバナーからオフセットをなくす工夫が積分性補償を生み出し,その振動現象の解析がフィードバック制御理論の出発点となった。

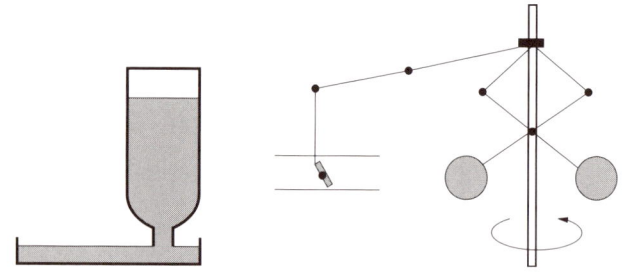

図1　水位を一定に保つ　　図2　蒸気機関のガバナー
　　　簡単なメカニズム

19世紀のイギリスでは天文学者Airy,物理学者Maxwell,そして安定性の基本的な解析法である「ラウスの方法」の生みの親Routhらが活躍した。一方,19世紀末から20世紀初頭にかけての第2次産業革命の進展とともに,温度,レベル,流量,圧力などを計測して自動的に記録する計器が数多く使われるようになった。

1920年代になると,この計器の動作を利用したフィードバック制御が広まり,1939年には比例・積分・微分の3動作を備えた汎用型のPID調節計が発売された。その後,PID調節計はハードウェア面で著しく改良されてきたが,制御則としては基本的に同じものが現在でも広く使われている。制御工学,制御理論の歴史についてより詳しく知りたい方は,巻末の文献1)~4)などを参照されたい。

2 システムの状態とその変化

自動制御をうまく行うには,制御対象やフィードバック制御システムの諸量の変化を正確に把握することが重要である.そのためには,状態の概念が中心的役割を果たす.

2.1 状態方程式

本書では,つぎの形の常微分方程式で書き表されるシステムを取り扱う.

$$\frac{dx}{dt} = Ax + Bu \tag{2.1}$$

$$y = Cx + Du \tag{2.2}$$

ここで,u はシステムへの入力 u_i がつくる m 次元ベクトルで,**入力ベクトル** (input vector) と呼ぶ.y はシステムからの出力 y_i がつくる p 次元ベクトルで,**出力ベクトル** (outoput vector) と呼ぶ.x は,システムの性質を微分方程式で書き表すために使われる変数 x_i がつくる n 次元ベクトルである.x_i を**状態変数** (state variable),x を**状態ベクトル** (state vector) と呼ぶ.$A \sim D$ はそれぞれ $n \times n$,$n \times m$,$p \times n$,$p \times m$ 次元の実数行列である.方程式 (2.1),(2.2) をシステムの**状態方程式** (state equation) と呼び,特に式 (2.1) を,**状態遷移方程式** (state transition equation),式 (2.2) を**出力方程式** (output equation) という.

例 2.1 おもりとばねのシステム

図 2.1 のように,おもりとばねからなる制御対象を考える.ただし,下の

2. システムの状態とその変化

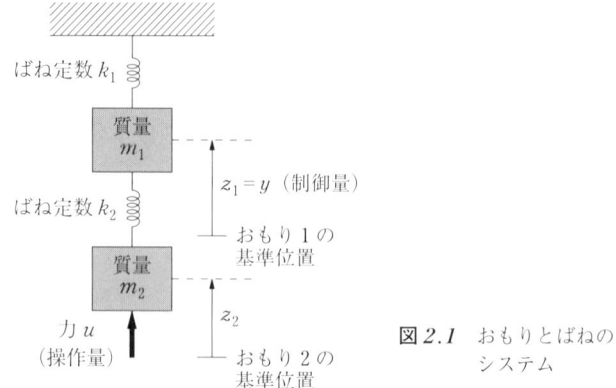

図2.1 おもりとばねのシステム

おもりに力 u を加えて上のおもりの位置 y を制御するものとする。この制御対象の状態方程式は，つぎのようになる（導出は例2.2で行う）。

$$\frac{dx_1}{dt}=x_2, \quad \frac{dx_2}{dt}=-\frac{k_1+k_2}{m_1}x_1+\frac{k_2}{m_1}x_3, \quad \frac{dx_3}{dt}=x_4,$$

$$\frac{dx_4}{dt}=\frac{k_2}{m_2}x_1-\frac{k_2}{m_2}x_3+\frac{1}{m_2}u \tag{2.3}$$

$$y=x_1 \tag{2.4}$$

ただし，式(2.3)，(2.4)はひとつひとつの変数を使って方程式を書いたもので，ベクトル

$$x=[\,x_1 \ \ x_2 \ \ x_3 \ \ x_4\,]^T$$

と行列を使えば，式(2.1)，(2.2)のようにまとめることができる。この場合の各ベクトルの次元はつぎのとおりである。

$$m=1, \quad n=4, \quad p=1 \tag{2.5}$$

また

$$a_1=\frac{k_1}{m_1}, \quad a_2=\frac{k_2}{m_1}, \quad a_3=\frac{k_2}{m_2}, \quad b=\frac{1}{m_2} \tag{2.6}$$

とおけば，係数行列はつぎのとおりになる。

$$A = \begin{bmatrix} 0 & 1 & 0 & 0 \\ -a_1-a_2 & 0 & a_2 & 0 \\ 0 & 0 & 0 & 1 \\ a_3 & 0 & -a_3 & 0 \end{bmatrix}, \quad B = \begin{bmatrix} 0 \\ 0 \\ 0 \\ b \end{bmatrix},$$

$$C = [\,1\ \ 0\ \ 0\ \ 0\,], \quad D = [\,0\,] \tag{2.7}$$

例 2.1 のように，入出力が各 1 個 ($m=1$, $p=1$) であるシステムを**スカラー系**（scalor system）といい，そうでないシステムを**多変数系**（multivariable system）という。状態ベクトルの次元 n を**システムの次数**（degree）という。この例のように，行列 $A \sim D$ が定数であるシステムを**時不変システム**（time-invariant system）と呼ぶ。これに対し，行列 $A \sim D$ が時間とともに変化するようなシステムを**時変システム**（time-varying system）という。本書では，主として時不変システムを扱う。時不変システムの状態遷移方程式(2.1)は，1 階の定係数連立線形常微分方程式であるから，入力 $u(t)$ が有界で区分的に連続な関数であれば，任意の初期条件に対して t の全区間でただひとつの解をもつ。このことは，以下の議論で基本的である。

システムの状態方程式の導出法を例 2.2 で説明する。

例 2.2　状態方程式の導出

図 2.1 のおもりの動きについての運動方程式は

$$m_1 \frac{d^2 z_1}{dt^2} = -k_1 z_1 - k_2(z_1 - z_2), \quad m_2 \frac{d^2 z_2}{dt^2} = k_2(z_1 - z_2) + u \tag{2.8}$$

となる。ただし，z_1, z_2 はそれぞれおもり 1，おもり 2 の位置で，つり合いの位置を 0，上向きを正としている。新しい変数

$$x_1 = z_1, \quad x_2 = \frac{dz_1}{dt}, \quad x_3 = z_2, \quad x_4 = \frac{dz_2}{dt} \tag{2.9}$$

を使って微分方程式を書き換えれば，式 (2.3) が得られる。また，おもり 1 の位置 z_1 を制御する問題を考えるのであるから，z_1 をシステムの出力とする。その結果，出力方程式は式 (2.4) となる。

一般に，状態方程式を理論的に導くには，システムに含まれる物理現象を微分方程式の形で記述しておいて，変数を置き換えたり整理したりして 1 階の方

程式にすればよい.例 *2.2* では,物理現象が高階の常微分方程式で表されたので,変数の数を増やして1階の方程式にした.場合によっては,物理現象が微分方程式と代数方程式の組合せで表されることがある.そのような場合には,代数方程式の数だけ変数の数を減らす必要がある(問題(1)).また,物理法則を記述する方程式に非線形関数(x^2,$\sin x$,$\sqrt{x}$ など)が含まれることも多い.このような場合には,線形化という手順を踏んで初めて式(*2.1*),(*2.2*)の形の方程式が得られる(*12*章参照).

2.2 遷移行列

初期条件と入力が与えられたときの状態変数および出力の変化の様子を,システムの**過渡応答**(transient response)または**時間応答**(time response)という.つぎの微分方程式を満足する $n \times n$ 行列 $\Phi(t)$ を,システム(*2.1*),(*2.2*)の**遷移行列**(transition matrix)という.

$$\frac{d\Phi(t)}{dt} = A\Phi(t), \quad \Phi(0) = I \tag{2.10}$$

$\Phi(t)$ の第 k 列を $\varphi_k(t)$ とし,式(*2.10*)を第 k 列について書き下せば

$$\frac{d\varphi_k(t)}{dt} = A\varphi_k(t), \quad \varphi_k(0) = e_k \equiv [0 \ \cdots \ \underset{\underset{k\text{番目}}{\uparrow}}{1} \ 0 \ \cdots \ 0]^T \tag{2.11}$$

となる.これより,$\varphi_k(t)$ は,入力が0で初期条件が $x(0) = e_k$ であるときの状態遷移方程式(*2.1*)の解であることがわかる.

【公式 *2.1*】 過渡応答の公式

初期条件

$$x(t_0) = x_0 \tag{2.12}$$

に対するシステムの過渡応答は

$$x(t) = \Phi(t-t_0)x_0 + \int_{t_0}^{t} \Phi(t-\tau)Bu(\tau)d\tau \tag{2.13}$$

$$y(t) = C\Phi(t-t_0)x_0 + C\int_{t_0}^{t} \Phi(t-\tau)Bu(\tau)d\tau + Du(t) \tag{2.14}$$

で与えられる。

式 (2.13) が式 (2.1), (2.12) を満足することは直接代入して確認できる（問題(2)）。式 (2.13) は状態ベクトルの重要な性質を与えている。すなわち，現在時刻 $t=t_0$ における状態ベクトルの値 $x(t_0)$ と，将来の時刻 t までの入力 $u(\tau)$ の値 ($t_0 \leqq \tau < t$) が決まれば，時刻 t での状態ベクトルの値 $x(t)$ が（したがって，出力の値 $y(t)$ も）一意に決定される。出力 $y(t)$ の $t=t_0$ における値 $y(t_0)$ だけを見ていたのでは，(必ずしも[†]) このように将来を予測することはできない。これは，状態ベクトルが「システムの将来の振舞いを決定するのに十分な情報を含んでいる」のに対し，出力にはそれだけの情報が（必ずしも[†]）含まれていないためである。この事実が，状態方程式を使ってシステムを書き表すことの重要な点である。

上の性質に基づいて，システムの動作をつぎのように理解できる（**図 2.2**）。まず，状態ベクトル x が属する空間 R^n を考え，これを**状態空間**（state space）と呼ぶ。システムは「時刻 t_0 で点 $x(t_0)$ の位置にあり，その位置が時間の経過とともに変化していく」ものととらえる。この意味で，$x(t)$ の軌跡を**システムの軌道**（trajectory of the system）という。また，初期条件 $x(t_0)=x_0$，入力 $u_1(t)$ に対して $x(t_1)=x_1$ となった場合，「システムは状態 $x(t_0)=x_0$ から $x(t_1)=x_1$ へ動いた」，または「入力 $u_1(t)$ がシステムを状態 $x(t_0)=x_0$ から $x(t_1)=x_1$ へ動かした」と表現する。システムの軌道の具体例については，例

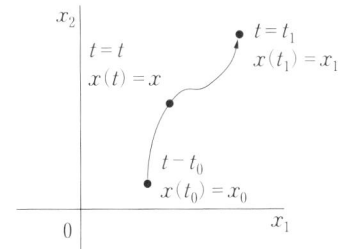

図 2.2 $n=2$ の場合の状態空間とシステムの軌道

[†] もちろん，$p \geqq n$ で，rank $C=n$ の場合には，y から x を逆算することができるので，出力 y にも x と同じだけの情報が含まれることになり，$y(t_0)$ から将来を予測できることになる。

2.4 を参照されたい。

2.3 遷移行列の基本的な性質

【公式 2.2】 遷移行列の性質

遷移行列の性質としてつぎの 3 つが基本的である。

$$\Phi(0) = I \tag{2.15}$$

$$\Phi(T_2)\Phi(T_1) = \Phi(T_1 + T_2) \tag{2.16}$$

$$\Phi(-t) = \Phi(t)^{-1} \tag{2.17}$$

♠

式 (2.15) は式 (2.10) の第 2 式にほかならない。式 (2.16) と式 (2.17) は，定係数線形常微分方程式が，t の全区間でただひとつの解をもつという性質からの帰結であるが，これをシステムの動きという観点から説明しておく。入力 u を 0 としたシステムを**自励系**（autonomous system）と呼び，その動きをシステムの**自由運動**と呼ぶ。システム (2.1)，(2.2) の自由運動は，状態ベクトルに遷移行列を掛けることで表される。すなわち，初期時刻 t_0 から時間 T_1 が経過すれば，状態は

$$x(t_0) \rightarrow x(t_0 + T_1) = \Phi(T_1) x(t_0) \tag{2.18}$$

と変化する。さらに時間 T_2 が経過したときの状態 $x(t_0 + T_1 + T_2)$ については，つぎの 2 通りの求め方が可能である。時刻 t_0 から出発して，時間が合計 $T_1 + T_2$ だけ経過したと考えれば，状態の変化は

$$x(t_0) \rightarrow x(t_0 + T_1 + T_2) = \Phi(T_1 + T_2) x(t_0) \tag{2.19}$$

と表される。一方，時刻 $t_0 + T_1$ を改めて初期時刻と考えて，それから時間 T_2 が経過したと考えれば

$$x(t_0 + T_1) \rightarrow x(t_0 + T_1 + T_2) = \Phi(T_2) x(t_0 + T_1) \tag{2.20}$$

となる。式 (2.20) に式 (2.18) の結果を代入すれば

$$x(t_0 + T_1 + T_2) = \Phi(T_2) \Phi(T_1) x(t_0) \tag{2.21}$$

を得る。式 (2.19) と式 (2.21) が，あらゆる $x(t_0)$ について一致するというの

が式(2.16)の意味である．式(2.17)は，微分方程式の解が時間の逆方向にも（すなわち過去にさかのぼって）存在してただひとつであるということからの帰結である．ひるがえって，式(2.16)の T_1, T_2 は負の数であってもよいことに注意されたい．また，式(2.17)は，$\Phi(t)$ がすべての t に対して正則であることを意味している．

例2.3　システムの軌道

$m=1$, $n=2$ のシステム

$$\frac{dx}{dt} = \begin{bmatrix} 1 & 0 \\ 0 & -2 \end{bmatrix} x + \begin{bmatrix} 1 \\ 1 \end{bmatrix} u \tag{2.22}$$

を考える（状態空間での軌道を説明するのが目的であるから，出力方程式は省略した）．A が対角行列であるので，遷移行列がただちに計算できて

$$\Phi(t) = \begin{bmatrix} e^t & 0 \\ 0 & e^{-2t} \end{bmatrix} \tag{2.23}$$

であることがわかる．ただし，$\Phi(t)$ の計算法は **2.4** 節で述べるので，ここでは式(2.10)に直接代入することによって，式(2.23)が遷移行列であることを確認されたい（問題(3)）．式(2.23)を使えば，初期条件を

$$x(0) = \begin{bmatrix} 1 \\ 1 \end{bmatrix} \tag{2.24}$$

としたときの自由運動は

$$x(t) = \begin{bmatrix} e^t \\ e^{-2t} \end{bmatrix} \tag{2.25}$$

で，その軌道が**図2.3**の実線のとおりとなることがわかる．

つぎに，同じ初期条件(2.24)のもとで入力を加えたときの応答を例示しておこう．

$$W(t) = \begin{bmatrix} -\frac{1}{2}(e^{-2t}-1) & e^t-1 \\ e^t-1 & \frac{1}{4}(e^{4t}-1) \end{bmatrix} \tag{2.26}$$

として（この $W(t)$，および式(2.27)と式(2.29)の $\Delta_1 x$, $\Delta_2 x$ の意味は **5**章で明らかになる），$0 \leq t < 1$ で入力

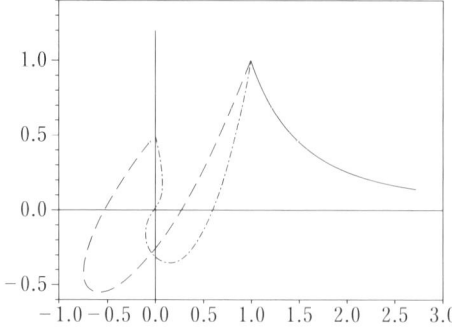

実線は自由運動，点線は式
(2.27)，(2.29)の入力を加え
たとき，1点鎖線は式(5.4)の
入力を加えたとき．

図2.3 システム(2.22)の軌道

$$u_1(t) = -\begin{bmatrix} e^{-t} & e^{2t} \end{bmatrix} W(1)^{-1} \Delta_1 x, \quad \Delta_1 x = \begin{bmatrix} 1 \\ 1 - \dfrac{1}{2}e^2 \end{bmatrix} \tag{2.27}$$

を加えれば，システムは点線の軌道を通って

$$x(1) = \begin{bmatrix} 0 \\ \dfrac{1}{2} \end{bmatrix} \tag{2.28}$$

に到達する．さらに，$1 \leq t \leq 2$ で入力

$$u_2(t) = -\begin{bmatrix} e^{-(t-1)} & e^{2(t-1)} \end{bmatrix} W(1)^{-1} \Delta_2 x, \quad \Delta_2 x = \begin{bmatrix} 0 \\ \dfrac{1}{2} \end{bmatrix} \tag{2.29}$$

を加えれば，$t=2$ で原点

$$x(2) = \begin{bmatrix} 0 \\ 0 \end{bmatrix} \tag{2.30}$$

に到達する．なお，軌道の計算はコンピュータを使って行えばよいが，手で計算する場合には **2.4** 節の式(2.39)を使う（すなわち式(2.37)を逆ラプラス変換する）のが便利であろう（問題(5)）．

定義より明らかなように，遷移行列 $\Phi(t)$ は行列 A だけで決まる．一般に行列 At に対して

$$e^{At} = I + At + \dfrac{1}{2!} A^2 t^2 + \cdots + \dfrac{1}{k!} A^k t^k + \cdots \tag{2.31}$$

で（行列を値とする）関数 e^{At} を定義し，これを**行列指数関数**（matrix exponential) と呼ぶ．ここに，式(2.31)の右辺が絶対収束することに注意されたい．右辺を項別微分することによって，この関数が式(2.10)の第1式を満たすことが確認できる．また，$t=0$ のとき第2項以降が0となるので，式(2.10)の第2式も満たす．したがって，式(2.31)の行列指数関数はシステム(2.1)の遷移行列 $\Phi(t)$ にほかならない．遷移行列についての公式2.2を行列指数関数を使って書けば，公式2.3のようになる．

【公式2.3】 行列指数関数の性質

$$e^0 = I \qquad (2.32)$$

$$e^{At_1} e^{At_2} = e^{A(t_1+t_2)} \qquad (2.33)$$

$$e^{-At} = (e^{At})^{-1} \qquad (2.34)$$

♠

式(2.32)～(2.34)は，スカラーの場合の指数法則に対応している．ただし，式(2.33)については，At_1 と At_2 とが同じ行列 A とスカラー t_1，t_2 の積になっていることが重要である．相異なる行列 A，A' については，At_1 と $A't_2$ の行列指数関数の積 $e^{At_1}e^{A't_2}$ は $e^{At_1+A't_2}$ と一般には一致しない．

コーヒーブレイク

係数 A, B, C, D が時間の関数である時変システム

$$\frac{dx(t)}{dt} = A(t)x(t) + B(t)u(t)$$

についても遷移行列 $\tilde{\Phi}$ を定義することができる．ただし，この場合の $\tilde{\Phi}$ は2つの変数 t, t_0 に依存する行列関数であって

$$\frac{d\tilde{\Phi}(t, t_0)}{dt} = A(t)\tilde{\Phi}(t, t_0), \quad \tilde{\Phi}(t_0, t_0) = I$$

で定められる．$A(t)$ が有界で区分的に連続であれば，この方程式を逐次代入法で解くことができて

$$\tilde{\Phi}(t, t_0) = I + \int_{t_0}^{t} A(\tau_1)d\tau_1 + \int_{t_0}^{t} A(\tau_1) \int_{t_0}^{\tau_1} A(\tau_2) d\tau_2 d\tau_1 + \cdots$$

という公式が得られる．$A(t)$ が定数である場合には（すなわち時不変システムについては）$\tilde{\Phi}(t, t_0)$ が $t-t_0$ だけの関数となる．この関数が時不変システムの遷移行列 $\Phi(t) = \tilde{\Phi}(t, 0)$ にほかならない．A が定数であるという仮定のもとで上式を計算すれば，式(2.31)の級数が得られる．

2.4 遷移行列の計算法と固有ベクトル

入力 $u(t)$ はラプラス変換可能な関数とする（**付録**）。初期時刻を 0 として式 (2.1), (2.2) の両辺をラプラス変換すれば

$$sX(s) = AX(s) + BU(s) + x_0 \tag{2.35}$$

$$Y(s) = CX(s) + DU(s) \tag{2.36}$$

を得る。ただし，$X(s)$, $U(s)$, $Y(s)$ は $x(t)$, $u(t)$, $y(t)$ のラプラス変換であり，x_0 は $x(t)$ の初期値 $x(0)$ である。式 (2.35) を解けば

$$X(s) = (sI-A)^{-1}x_0 + (sI-A)^{-1}BU(s) \tag{2.37}$$

$$Y(s) = C(sI-A)^{-1}x_0 + \{C(sI-A)^{-1}B + D\}U(s) \tag{2.38}$$

を得る。式 (2.37), (2.38) を逆ラプラス変換すれば，$t>0$ において $x(t)$ と $y(t)$ が

$$x(t) = \mathcal{L}^{-1}[(sI-A)^{-1}]x_0 + \mathcal{L}^{-1}[(sI-A)^{-1}BU(s)] \tag{2.39}$$

$$y(t) = \mathcal{L}^{-1}[C(sI-A)^{-1}]x_0 + \mathcal{L}^{-1}[\{C(sI-A)^{-1}B + D\}U(s)] \tag{2.40}$$

で与えられることがわかる。

式 (2.38) 右辺の $U(s)$ の係数である $p \times m$ 行列

$$G(s) = C(sI-A)^{-1}B + D \tag{2.41}$$

は，システム (2.1), (2.2) の**伝達行列** (transfer matrix) と呼ばれ，システムの外部特性（すなわち入力と出力の関係に注目したシステムの特性）を表す重要な関数である。これについては **6** 章で詳しい説明をする。

さて，遷移行列の第 k 列 $\varphi_k(t)$ は $t=0$ での初期値を e_k，入力を 0 としたときの式 (2.1) の解であるから，式 (2.39) より

$$\varphi_k(t) = \mathcal{L}^{-1}[(sI-A)^{-1}]e_k \qquad (t \geq 0) \tag{2.42}$$

を得る。したがって，遷移行列は次式のとおりになる。

$$\Phi(t) = [\varphi_1(t) \quad \cdots \quad \varphi_n(t)]$$

$$= \mathcal{L}^{-1}[(sI-A)^{-1}][e_1 \quad \cdots \quad e_n] \qquad (t \geq 0)$$

$[e_1 \quad \cdots \quad e_n]$ は単位行列だから，けっきょく

$$\Phi(t) = \mathcal{L}^{-1}[(sI-A)^{-1}] \quad (t \geq 0) \tag{2.43}$$

であることがわかる。

式(2.43)と畳込み積分のラプラス変換の公式(**付録**の③)を使えば,式(2.39),(2.40)からも式(2.13),(2.14)が導ける(問題(4))。なお,式(2.42),(2.43)では,tの範囲が$t \geq 0$に制限されていることに留意されたい。これは,**付録**にあるようなラプラス変換の理論は,$t<0$において関数の値が0であることを前提としているという事実による(一方,遷移行列は,$t<0$で0でないことに注意されたい)。ただし,この事実は$t<0$における遷移行列を計算するうえで妨げとならない(公式2.2の式(2.17)を使えばよい)。

以上で,遷移行列を計算するには,$sI-A$の逆行列を求め,その結果を逆ラプラス変換すればよいことがわかった。そこで,$sI-A$の逆行列について考えておく。逆行列についてのクラメルの公式を使えば,つぎの結果が得られる(式(2.47),(2.48)の導出は問題(6))。

【**公式 2.4**】 $sI-A$の逆行列は,Aの**特性多項式**(characteristic polynomial)$\Delta_A(s)$と,**余因子行列**(adjoint matrix)$\mathrm{Adj}(sI-A)$によって

$$(sI-A)^{-1} = \frac{1}{\Delta_A(s)} \mathrm{Adj}(sI-A) \tag{2.44}$$

で与えられる。$\Delta_A(s)$と$\mathrm{Adj}(sI-A)$は,スカラー$\alpha_k (k=0,\cdots,n-1)$および$n \times n$行列$B_k (k=0,\cdots,n-1)$によって,つぎの形に書ける。

$$\Delta_A(s) = s^n + \alpha_{n-1}s^{n-1} + \cdots + \alpha_1 s + \alpha_0 \tag{2.45}$$

$$\mathrm{Adj}(sI-A) = B_{n-1}s^{n-1} + \cdots + B_1 s + B_0 \tag{2.46}$$

また,$\mathrm{Adj}(sI-A)$はα_kとAによって,つぎのように表すこともできる。

$$\mathrm{Adj}(sI-A) = P_{n-1}(s)I + P_{n-2}(s)A + \cdots + P_0(s)A^{n-1} \tag{2.47}$$

$$P_k(s) = s^k + \alpha_{n-1}s^{k-1} + \cdots + \alpha_{n-k+1}s + \alpha_{n-k} \tag{2.48}$$

♠

式(2.44),(2.47),(2.48)より,$(sI-A)^{-1}$がAのべき乗にsの有理関数を掛けた項の和となることがわかる。さらに,式(2.43)において,逆ラプラス変換はsの有理関数の部分にだけに作用することに注意すれば,遷移行列

$\Phi(t)$ も「A のべき乗に t の関数を掛けた項の和」となることがわかる。したがって，$\Phi(t)$ の固有ベクトルは A の固有ベクトルと一致する。

$(sI-A)^{-1}$ を計算するには α_k と B_k を求めればよいわけだが，そのひとつの方法としてつぎの漸化式がある（導出は問題(7)）。

【公式 2.5】 Fadeev の公式

$$B_{n-1} = I, \qquad \alpha_{n-1} = -\text{trace} AB_{n-1}$$

$$B_{n-2} = AB_{n-1} + \alpha_{n-1}I, \qquad \alpha_{n-2} = -\frac{1}{2}\text{trace} AB_{n-2}$$

$$\vdots \qquad\qquad \vdots$$

$$B_{n-k} = AB_{n-(k-1)} + \alpha_{n-(k-1)}I, \qquad \alpha_{n-k} = -\frac{1}{k}\text{trace} AB_{n-k}$$

$$\vdots \qquad\qquad \vdots$$

$$B_0 = AB_1 + \alpha_1 I, \qquad \alpha_0 = -\frac{1}{n}\text{trace} AB_0$$

$$0 = AB_0 + \alpha_0 I \tag{2.49}$$

♠

式(2.49)のなかの最後の式は，計算が正しく行えたかどうかをチェックするのに使われるものである。このアルゴリズムは，小さな n について（$n<10$ 程度）の計算，特に筆算には便利である。しかし，n が大きくなると数値誤差が累積する傾向が強く，実用に耐えない。

例 2.4 Fadeev の公式の使用例

例 2.1 のシステムについては

$$B_3 = I, \quad AB_3 = A, \quad \alpha_3 = 0$$

$$B_2 = A, \quad AB_2 = A^2, \quad \alpha_2 = a_1 + a_2 + a_3$$

$$B_1 = \begin{bmatrix} a_3 & 0 & a_2 & 0 \\ 0 & a_3 & 0 & a_2 \\ a_3 & 0 & a_1+a_2 & 0 \\ 0 & a_3 & 0 & a_1+a_2 \end{bmatrix},$$

$$AB_1 = \begin{bmatrix} 0 & a_3 & 0 & a_2 \\ -a_1a_3 & 0 & 0 & 0 \\ 0 & a_3 & 0 & a_1+a_2 \\ 0 & 0 & -a_1a_3 & 0 \end{bmatrix}, \quad \alpha_1 = 0$$

$B_0 = AB_1$, $AB_0 = \text{dig}(-a_1a_3, -a_1a_3, -a_1a_3, -a_1a_3)$, $\alpha_0 = a_1a_3$

$$0 = \alpha_0 I + AB_0 \tag{2.50}$$

となって，$\varphi_A(s)$ と $\text{Adj}(sI-A)$ がつぎのように求められる．

$$\varphi_A(s) = s^4 + (a_1+a_2+a_3)s^2 + a_1a_3 \tag{2.51}$$

$$\text{Adj}(sI-A) = \begin{bmatrix} s^3 + a_3s & s^2 + a_3 & a_2s & a_2 \\ -(a_1+a_2)s^2 - a_1a_3 & s^3 + a_3s & a_2s^2 & a_2s \\ a_3s & a_3 & s^3 + (a_1+a_2)s & s^2 + a_1 + a_2 \\ a_3s^2 & a_3s & -a_3s^2 - a_1a_3 & s^3 + (a_1+a_2)s \end{bmatrix}$$

$$\tag{2.52}$$

$(sI-A)^{-1}$ は，$\text{Adj}(sI-A)$ の各要素を $\varphi_A(s)$ で割った分数式を要素とする 4×4 行列である．したがって，このシステムの伝達関数は次式で与えられる．

$$G(s) = \frac{a_2b}{s^4 + (a_1+a_2+a_3)s^2 + a_1a_3} \tag{2.53}$$

問　　題

（１）図 2.4 の電気回路の状態方程式を導け．ただし，直流電源の電圧 E を入力，右端の端子間電圧 V を出力とする（図のようにループ電流 i_1, i_2 をとって式を立て，不要な変数を消去すればよい）．

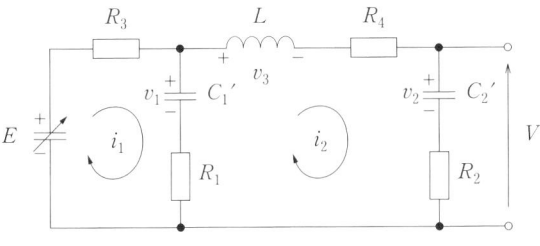

図2.4

（2） 式(2.13)が，式(2.1)および式(2.12)を満足することを確認せよ。
（3） 式(2.23)を式(2.10)に代入して，システム(2.22)の遷移行列になっていることを確かめよ。
（4） 式(2.39), (2.40)から式(2.13), (2.14)を導け。
（5） 例2.3の遷移行列を式(2.43)を使って計算せよ。また，式(2.27)の入力を加えたときの$x(t)$を，式(2.37)を逆ラプラス変換することによって求め，$x(1)$が式(2.28)の値になることを確めよ。ただし，$W(1)^{-1}\Delta_1 x$の部分が複雑になるので，この部分を残したままで$x(t)$を求め，$x(1)$を計算するときに掛け算を行えばよい（$\mathcal{L}^{-1}[(sI-A)^{-1}BU(s)]W(1)^{-1}$をまず計算してから$\Delta_1 x$を掛ければ計算が簡単になる）。
（6） 式(2.44)より
$$(sI-A)\mathrm{Adj}(sI-A) = \Delta_A(s)I \tag{2.54}$$
を得る。これからB_kについての漸化式（公式2.5のB_{n-k}についての式）をつくり，式(2.47), (2.48)を導け。
（7） Aの固有値をs_i（重根は重複度だけ同じものを並べることにする），s_iのk乗の総和をΓ_kとおけば
$$\Gamma_k + \alpha_{n-1}\Gamma_{k-1} + \cdots + \alpha_{n-k+1}\Gamma_1 + \alpha_{n-k} = 0 \tag{2.55}$$
という根と係数の関係が成り立つ。これを使って
$$\alpha_{n-k} = -\frac{1}{k}\mathrm{trace}\,(A^k + \alpha_{n-1}A^{k-1} + \cdots + \alpha_{n-k-1}A) \tag{2.56}$$
を導け。また，これと前問（6）の結果とから公式2.5を導け。
（8） 前問（7）の式(2.55)を導け。
（9） つぎの場合について，$\varphi_A(s)$, $(sI-A)^{-1}$, $\Phi(t)$, $G(s)$を求めよ。
$$A = \begin{bmatrix} -2 & 0 & 0 \\ 1 & -1 & 2 \\ 0 & -1 & -3 \end{bmatrix},\quad B = \begin{bmatrix} 1 & 0 \\ 1 & 0 \\ 0 & 1 \end{bmatrix},\quad C = \begin{bmatrix} 1 & 0 & 0 \\ 0 & 0 & 1 \end{bmatrix},\quad D = \begin{bmatrix} 0 & 0 \\ 0 & 0 \end{bmatrix}$$
$$\tag{2.57}$$

3

等価変換とモード分解

本章では，状態方程式の性質を調べるための重要な手段である等価変換とモード分解について説明する。

3.1 状態方程式の等価変換

状態方程式(2.1), (2.2)を考える。R を正則な $n \times n$ 行列として，新しいベクトル

$$\tilde{x} = Rx \tag{3.1}$$

を導入する。$T = R^{-1}$ とおけば，x を

$$x = R^{-1}\tilde{x} = T\tilde{x} \tag{3.2}$$

と表すことができる。すなわち，x と $\tilde{x}$ は1対1に対応する。$\tilde{x}$ を使って方程式を書き換えれば

$$\frac{d\tilde{x}}{dt} = \widetilde{A}\tilde{x} + \widetilde{B}u \tag{3.3}$$

$$y = \widetilde{C}\tilde{x} + \widetilde{D}u \tag{3.4}$$

を得る(問題(1))。ただし，$\widetilde{A} \sim \widetilde{D}$ は次式のとおりである。

$$\widetilde{A} = RAR^{-1} = T^{-1}AT, \quad \widetilde{B} = RB = T^{-1}B, \quad \widetilde{C} = CR^{-1} = CT, \quad \widetilde{D} = D \tag{3.5}$$

ここで，上の変換が可逆であることに注意されたい。以上の状態方程式の変換を**等価変換**といい，システム(2.1), (2.2)とシステム(3.3), (3.4)は**等価** (equivalent) であるという。システム(3.3), (3.4)の遷移行列は

$$\widetilde{\Phi}(t) = \mathcal{L}^{-1}[(sI - \widetilde{A})^{-1}] = \mathcal{L}^{-1}[\{T^{-1}(sI - A)T\}^{-1}] = T^{-1}\Phi(t)T \tag{3.6}$$

となる。式(3.6)より，遷移行列 $\tilde{\Phi}(t)$ の要素が，$\Phi(t)$ の要素の一次結合であることがわかる。すなわち，等価なシステムでは，遷移行列に含まれる関数の集合は同一である。さらに，システム(3.3)，(3.4)の伝達行列を計算すれば

$$\tilde{G}(s)=\tilde{C}(sI-\tilde{A})^{-1}\tilde{B}+\tilde{D}=CT(sI-T^{-1}AT)^{-1}T^{-1}B+D=G(s)$$
(3.7)

となる。すなわち，等価変換によって伝達行列は不変である。

上記では「変数の置き換え」という立場で等価変換を説明したが，これを「状態空間の基底（すなわち座標軸）の変更」としてとらえることもできる。すなわち，古い基底 e_i ($i=1, \cdots, n$) に対して新しい基底 $\tilde{e}_i$ を

$$\tilde{e}_i = t_{1i}e_1 + \cdots + t_{ni}e_n \quad (i=1, \cdots, n)$$
(3.8)

とする。e_i によるベクトルの表現 x と，$\tilde{e}_i$ による表現 $\tilde{x}$ の間には式(3.2)の関係が成立する。この立場に立てば，「等価変換をしても状態空間のなかでのシステムの軌道は不変である。ただ，それを表現する座標系を変えたために方程式の形が変わっただけである。」と理解できる。便宜的に，R を「変数変換の行列」，T を「座標変換の行列」と呼ぶことにする。

例3.1 等価変換

例2.1，2.2，2.4で扱ったおもりとばねのシステムの状態方程式を，座標変換の行列

$$T_1 = \begin{bmatrix} a_2b & 0 & 0 & 0 \\ 0 & a_2b & 0 & 0 \\ (a_1+a_2)b & 0 & b & 0 \\ 0 & (a_1+a_2)b & 0 & b \end{bmatrix}$$
(3.9)

によって等価変換すれば

$$\tilde{A}_1 = \begin{bmatrix} 0 & 1 & 0 & 0 \\ 0 & 0 & 1 & 0 \\ 0 & 0 & 0 & 1 \\ -a_1a_3 & 0 & -(a_1+a_2+a_3) & 0 \end{bmatrix}, \quad \tilde{B}_1 = \begin{bmatrix} 0 \\ 0 \\ 0 \\ 1 \end{bmatrix},$$

$$\tilde{C}_1 = [\, a_2b \ \ 0 \ \ 0 \ \ 0 \,], \quad \tilde{D}_1 = [\, 0 \,]$$
(3.10)

となる。また，変数変換の行列

$$R_2 = \begin{bmatrix} 0 & a_3 & 0 & a_2 \\ a_3 & 0 & a_2 & 0 \\ 0 & 1 & 0 & 0 \\ 1 & 0 & 0 & 0 \end{bmatrix} \quad (3.11)$$

を使って等価変換すれば

$$\widetilde{A}_2 = \begin{bmatrix} 0 & 0 & 0 & -a_1 a_3 \\ 1 & 0 & 0 & 0 \\ 0 & 1 & 0 & -(a_1+a_2+a_3) \\ 0 & 0 & 1 & 0 \end{bmatrix}, \quad \widetilde{B}_2 = \begin{bmatrix} a_2 b \\ 0 \\ 0 \\ 0 \end{bmatrix},$$

$$\widetilde{C}_2 = [\,0\ 0\ 0\ 1\,], \quad \widetilde{D}_2 = [\,0\,] \quad (3.12)$$

を得る。以上の導出は問題(2)で行う。

式(3.10)の$\widetilde{A}_1$の最下行と式(3.12)の$\widetilde{A}_2$の最右列に，特性多項式(2.51)の係数に負号をつけたものが並んでいること，および$\widetilde{A}\sim\widetilde{D}$を並べてつくった$(n+1)\times(n+1)$行列

$$\begin{bmatrix} \widetilde{A}_1 & \widetilde{B}_1 \\ \widetilde{C}_1 & \widetilde{D}_1 \end{bmatrix} \text{と} \begin{bmatrix} \widetilde{A}_2 & \widetilde{B}_2 \\ \widetilde{C}_2 & \widetilde{D}_2 \end{bmatrix}$$

が，たがいに転置の関係になっていることに注意されたい（これらの性質は**6章**，**7章**で説明する）。

3.2 モード分解

式(3.5)のAから$\widetilde{A}$への変換は，行列の理論では**相似変換**と呼ばれており，Aと$\widetilde{A}$は**相似**（similar）であるという。相似な行列の固有値は相等しい。正方行列は，必ずジョルダンの標準形と呼ばれる簡単な形に相似変換できる。ただし，**ジョルダンの標準形**とは

$$A_J = \begin{bmatrix} J_1 & 0 & \cdots & 0 \\ 0 & J_2 & \cdots & 0 \\ \vdots & \vdots & \ddots & \vdots \\ 0 & 0 & \cdots & J_N \end{bmatrix} \quad (3.13)$$

というブロック対角形であって，各ブロックJ_iがスカラー行列

$$J_k = s_k$$

あるいは

$$J_i = \begin{bmatrix} s_i & -1 & 0 & \cdots & 0 \\ 0 & s_i & -1 & \cdots & 0 \\ \vdots & \vdots & \ddots & \ddots & \vdots \\ \vdots & \vdots & & \ddots & -1 \\ 0 & 0 & 0 & \cdots & s_i \end{bmatrix} \tag{3.14}$$

という（すなわち，対角要素がs_i，対角線の右上の要素が-1，それ以外の要素が0である）形をしている行列である．J_iのことを**ジョルダンブロック**（Jordan block）または**ジョルダンセル**（Jordan cell）という．s_iは明らかに行列A_Jの（したがって，もとの行列Aの）固有値である．同じ値s_μを対角要素とするジョルダンブロックがκ_μ個ある，すなわち，ブロック番号i_κ（$\kappa=1,\cdots,\kappa_\mu$）について$s_{i_\kappa}=s_\mu$であるとき，$\kappa_\mu$を固有値$s_\mu$の**幾何学的重複度**という．また，各ジョルダンブロックのサイズを$n_{i_\kappa}\times n_{i_\kappa}$とするとき，$n_{i_\kappa}$の和

$$N_\mu = \sum_{\kappa=1}^{\kappa_\mu} n_{i_\kappa} \tag{3.15}$$

を**代数的重複度**と呼ぶ[†]．すべての固有値について

$$\text{代数的重複度} = \text{幾何学的重複度} \tag{3.16}$$

である（すなわち，すべてのジョルダンブロックが1×1である）場合，その行列は**対角化可能**であるという．固有値がすべて相異なる行列は明らかに対角化可能である．一方，すべての固有値について幾何学的重複度が1である（すなわち，ひとつの固有値に対応するジョルダンブロックが1個だけである）場合，行列Aは**非縮退行列**であるという．非縮退行列であるための必要十分条件は

[†] 固有値を表す記号が少しわかりにくい可能性があるので説明しておく．値の相異なる固有値に番号をつけたものをs_μ（$\mu=1,\cdots,N'$）と表している．s_μの代数的重複度N_μについて，$\sum N_\mu = n$が成り立つ．一方，ジョルダンブロックに対応して番号をつけたものをs_i（$i=1,\cdots,N$）と表している．この場合，s_iのなかには同じ値のものがそれぞれκ_μ回ずつ現れ，また，s_iに対応するジョルダンブロックのサイズn_iについて$\sum n_i = n$が成り立つ．

$$A_c = \begin{bmatrix} 0 & 1 & 0 & \cdots & 0 \\ 0 & 0 & 1 & \cdots & 0 \\ \vdots & \vdots & \vdots & & \vdots \\ 0 & 0 & 0 & \cdots & 1 \\ -\alpha_0 & -\alpha_1 & -\alpha_2 & \cdots & -\alpha_{n-1} \end{bmatrix} \quad (3.17)$$

という形(これを**コンパニオンフォーム**と呼ぶ)に相似変換できることである. なお,式(3.17)の A_c の特性多項式は次式である(問題(3)).

$$\varphi(s) = s^n + \alpha_{n-1} s^{n-1} + \cdots + \alpha_2 s^2 + \alpha_1 s + \alpha_0 \quad (3.18)$$

システム(2.1), (2.2)を,変換後の行列 $\tilde{A}$ がジョルダンの標準形になるように等価変換することを**モード分解**という。モード分解はつぎの公式 3.1 に従って実行できる(ケース①についての証明は問題(4)で行う。ケース②については 3.4 節で説明を加える)。

【**公式 3.1**】 モード分解のための座標変換

① A が相異なる n 個の固有値 s_μ ($\mu=1, \cdots, n$)をもつ場合:各固有値 s_μ に対応する固有ベクトルを ξ_μ として[†], $n \times n$ 行列

$$\Xi = [\xi_1 \ \cdots \ \xi_n] \quad (3.19)$$

をつくる。Ξ はモード分解のための座標変換行列になる。

② A の固有値 s_μ ($\mu=1, \cdots, N'$)に重根がある場合:重根 s_μ については,その代数的重複度と同じ数の一次独立な一般化固有ベクトル $\xi_{\kappa\nu}^{(\mu)}$ ($\kappa=1, \cdots, \kappa_\mu; \nu=1, \cdots, n_{i_\kappa}$)を選ぶ。$\xi_{\kappa\nu}^{(\mu)}$ ($\mu=1, \cdots, N'$)に,改めて続き番号を打って[†],式(3.19)の行列 Ξ をつくれば,Ξ はモード分解のための座標変換行列となる。 ♠

例 3.2 モード分解

つぎのシステムをモード分解してみる。

$$\frac{dx}{dt} = \begin{bmatrix} 10 & -18 \\ 6 & -11 \end{bmatrix} x + \begin{bmatrix} 5 \\ 3 \end{bmatrix} u \quad (3.20)$$

$$y = [6 \ -9] x \quad (3.21)$$

[†] 正確にはそれぞれ「右固有ベクトル」,「一般化右固有ベクトル」という。一般化固有ベクトルについては, 3.4 節で少し詳しく説明する。

A の固有値は $s_1=1$, $s_2=-2$ で，それぞれに対応する固有ベクトルとして

$$\xi_1=\begin{bmatrix}2\\1\end{bmatrix},\quad \xi_2=\begin{bmatrix}3\\2\end{bmatrix} \tag{3.22}$$

がある。式(3.19)の行列を座標変換の行列として使えば

$$\frac{d\tilde{x}}{dt}=\begin{bmatrix}1&0\\0&-2\end{bmatrix}\tilde{x}+\begin{bmatrix}1\\1\end{bmatrix}u \tag{3.23}$$

$$y=[\;3\;\;0\;]\tilde{x} \tag{3.24}$$

を得る。この状態方程式は，例2.3の状態遷移方程式(2.22)に，出力方程式(3.24)を付加したものにほかならない。式(2.41)を使って伝達行列を計算してみよう。システム(3.20)，(3.21)については

$$G(s)=[\;6\;\;-9\;]\begin{bmatrix}s-10&18\\-6&s+11\end{bmatrix}^{-1}\begin{bmatrix}5\\3\end{bmatrix}=\frac{3}{s-1} \tag{3.25}$$

システム(3.23)，(3.24)については

$$G(s)=[\;3\;\;0\;]\begin{bmatrix}s-1&0\\0&s+2\end{bmatrix}^{-1}\begin{bmatrix}1\\1\end{bmatrix}=\frac{3}{s-1} \tag{3.26}$$

となって，両者が一致することが確認できる。

3.3 実数の範囲のモード分解

例3.2のように，A の固有値がすべて実数であれば，モード分解によって方程式が簡単な形となり，システムの動き方がよくわかる。しかし，複素数の固有値をもつ場合には，変換後のシステムの係数に複素数が含まれてしまうので，必ずしもシステムの動きがわかりやすくなるとはいえない。このような場合には，共役な固有値をペアにして考えて，実数の範囲で変換する（これを**実数の範囲のモード分解**と呼ぶ）とよい。話を簡単にするため，複素固有値がすべて単根である場合について述べておく。

【**公式3.2**】 **実数の範囲のモード分解**

A の複素固有値はすべて単根であるものとする。共役な複素固有値には続

き番号をつけることにして，その固有ベクトルをつぎの形（すなわち，実部と虚部が同じになるように）選ぶ[†]。

固有値：$s_i = \alpha_i + j\beta_i$　　固有ベクトル：$\eta_i = \xi_i + j\xi_{i+1}$

固有値：$s_{i+1} = \alpha_i - j\beta_i$　　固有ベクトル：$\eta_{i+1} = \xi_i - j\xi_{i+1}$

実数の固有値については，公式 3.1 と同様に ξ_i を選んで式 (3.19) の Ξ をつくる。Ξ を座標変換の行列としてシステムを等価変換すれば，状態遷移方程式の係数行列は

$$A_{RJ} = \begin{bmatrix} J_1 & 0 & \cdots & 0 \\ 0 & J_2 & \cdots & 0 \\ \vdots & \vdots & \ddots & \vdots \\ 0 & 0 & \cdots & J_{NR} \end{bmatrix} \tag{3.27}$$

の形になる。ただし，J_i はそれぞれ共役な複素固有値の対および実数の固有値に対応するブロックである。共役な複素固有値の対に対応するブロックは

$$J_i = \begin{bmatrix} \alpha_i & \beta_i \\ -\beta_i & \alpha_i \end{bmatrix} \tag{3.28}$$

の形になる。実数の固有値に対応するブロックはジョルダンの標準型 (3.13) の場合の式 (3.14) と同じである。　　♠

例 3.3　実数の範囲のモード分解

例 2.1, 2.2, 2.4, 3.1 で扱ったおもりとばねのシステムにおいて，$m_1 = m_2$, $k_1 = k_2 = k$ である場合を考える。このとき，$a_1 = a_2 = a_3 (>0)$ であるから，その値を $\omega_0^2 (= k/m)$ とおく。特性方程式は

$$s^4 + 3\omega_0^2 s^2 + \omega_0^4 = 0 \tag{3.29}$$

で，固有値は $\pm \gamma \omega_0 j$, $\pm \delta \omega_0 j$ である。ただし

$$\gamma = \frac{\sqrt{5}+1}{2}, \quad \delta = \frac{\sqrt{5}-1}{2} \tag{3.30}$$

[†] 固有ベクトルにスカラー（複素数でもよい）を掛けたものもまた固有ベクトルであるから，s_i, s_{i+1} の固有ベクトルをそれぞれ任意に選んだときには必ずしも上の形にならない。ただし，通常のコンピュータのルーチンでは，複素固有値を対として扱うので，必ず上の形の固有ベクトルを出力してくれる。

固有ベクトルとして

$$\gamma\omega_0 j \text{ の固有ベクトル} = \begin{bmatrix} -\gamma \\ -\gamma^2\omega_0 j \\ 1 \\ \gamma\omega_0 j \end{bmatrix},$$

$$\delta\omega_0 j \text{ の固有ベクトル} = \begin{bmatrix} \delta \\ \delta^2\omega_0 j \\ 1 \\ \delta\omega_0 j \end{bmatrix} \tag{3.31}$$

を用いることにすれば,座標変換の行列は

$$\Xi = \begin{bmatrix} -\gamma & 0 & \delta & 0 \\ 0 & -\gamma^2\omega_0 & 0 & \delta^2\omega_0 \\ 1 & 0 & 1 & 0 \\ 0 & \gamma\omega_0 & 0 & \delta\omega_0 \end{bmatrix} \tag{3.32}$$

となる。この行列で等価変換すれば

$$\frac{d}{dt}\begin{bmatrix} \tilde{x}_1 \\ \tilde{x}_2 \end{bmatrix} = \begin{bmatrix} 0 & \gamma\omega_0 \\ -\gamma\omega_0 & 0 \end{bmatrix}\begin{bmatrix} \tilde{x}_1 \\ \tilde{x}_2 \end{bmatrix} + \begin{bmatrix} 0 \\ \dfrac{\delta^2}{\sqrt{5}\,\omega_0}b \end{bmatrix}u \tag{3.33}$$

$$\frac{d}{dt}\begin{bmatrix} \tilde{x}_3 \\ \tilde{x}_4 \end{bmatrix} = \begin{bmatrix} 0 & \delta\omega_0 \\ -\delta\omega_0 & 0 \end{bmatrix}\begin{bmatrix} \tilde{x}_1 \\ \tilde{x}_2 \end{bmatrix} + \begin{bmatrix} 0 \\ \dfrac{\gamma^2}{\sqrt{5}\,\omega_0}b \end{bmatrix}u \tag{3.34}$$

$$y = -\gamma\tilde{x}_1 + \delta\tilde{x}_3 \tag{3.35}$$

という状態方程式が得られる(問題(7))。おもり1,おもり2の位置 z_1, z_2 を使って変数 $\tilde{x}_1$, $\tilde{x}_3$ を表しておくと

$$\tilde{x}_1 = \frac{1}{\sqrt{5}}(z_1 - \delta z_2), \quad \tilde{x}_3 = \frac{1}{\sqrt{5}}(z_1 + \gamma z_2) \tag{3.36}$$

となる。式(3.33),(3.34)は正弦波振動を表す方程式である(**5**章で説明する)から,①〜③のようなことがわかる。

① 外力 u を加えない場合,2つのおもりの重みつき平均位置 $(z_1+\gamma z_2)/(1+\gamma)$ が固有角周波数 $\delta\omega_0$ の正弦波振動をする。

② 外力 u を加えない場合，2つのおもりの重みつき距離 $(z_1-\delta z_2)/(1-\delta)$ が固有角周波数 $\gamma\omega_0$ の正弦波振動をする．

③ 外力 u は，上の2つの正弦波振動に対して，γ^2 対 δ^2 の割合で強制力となって働く．

コーヒーブレイク

複雑な動きも単純な運動の合成である

同じ質量の2つのおもりを軽い棒でつないで空中に放り投げると，ひとつひとつのおもりは複雑な動きをする．しかし，2つのおもりの重心，および重心に対するおもりの位置に注目すれば，前者は放物線運動，後者は円運動となることがよく知られている（図）．このように，「特定の変数に注目して眺めれば，複雑に見える運動が単純な運動の合成であることがわかる」という状況は，より一般的に成立するものである．モード分解はこの事実を具体的に解析する手段である．ただし，例 3.3 からもわかるように，上のような見方が有効なのは入力が 0（すなわち自励系）の場合である．フィードバック制御の問題を考えるうえでは，入・出力の影響を考慮しなければならないので，別の形の変換が重要になる．

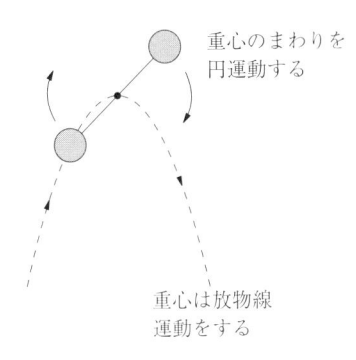

図　軽い棒でつながれた2つのおもりの動き

重心のまわりを円運動する

重心は放物線運動をする

3.4　一般化固有ベクトルについて

公式 3.1 の②で使った一般化固有ベクトルについて，簡単に説明しておく．固有値 s_0 の一般化固有ベクトル ξ とは，正の整数 ν に対して

$$(s_0 I - A)^\nu \xi = 0 \tag{3.37}$$

28   3. 等価変換とモード分解

を満たす零ベクトルでないベクトル ξ である。$\nu=1$ の場合，通常の固有ベクトルとなる。固有値 s_0 の幾何学的重複度が κ_0 であれば，s_0 に対する固有ベクトルは κ_0 本ある。それらを $\xi_{\kappa,1}$ ($\kappa=1, \cdots, \kappa_0$) として一連の方程式

$$(s_0 I - A)\xi_{\kappa,\nu+1} = \xi_{\kappa,\nu} \qquad (\kappa=1, \cdots, \kappa_0; \nu=1, 2, \cdots) \qquad (3.38)$$

を解いて得られる解 $\xi_{\kappa,\nu}$ は，それが零ベクトルでなければ一般化固有ベクトルである（問題(9)）。

例 3.4 一般化固有ベクトルと等価変換

すでにジョルダンの標準形になっている行列

$$A_J = \begin{bmatrix} s_0 & -1 & 0 & 0 & 0 \\ 0 & s_0 & -1 & 0 & 0 \\ 0 & 0 & s_0 & 0 & 0 \\ 0 & 0 & 0 & s_0 & -1 \\ 0 & 0 & 0 & 0 & s_0 \end{bmatrix} \qquad (3.39)$$

を考える。s_0 は幾何学的重複度が 2，代数的重複度が 5 の固有値である。まず一般化固有ベクトル ξ を求める。固有ベクトル $\xi_1 = [a\ b\ c\ d\ e]^T$ については，$(s_0 I - A)\xi = 0$ より

$$b=0, \quad c=0, \quad e=0 \qquad (3.40)$$

を得る。したがって，固有ベクトルは

$$\xi_1 = [a\ 0\ 0\ d\ 0]^T \qquad (a^2+d^2 \neq 0) \qquad (3.41)$$

という形のベクトルである。そこで

$$\xi_{11} = [1\ 0\ 0\ 0\ 0]^T \qquad (3.42)$$
$$\xi_{21} = [1\ 0\ 0\ 1\ 0]^T \qquad (3.43)$$

という一次独立な 2 本の固有ベクトルを選ぶことにする。つぎに $\xi_{12} = (a, b, c, d, e)$ とおけば，式(3.38) ($k=1, i=1$) は

$$b=1, \quad c=0, \quad e=0 \qquad (3.44)$$

となり，再び a, d は自由に選べることがわかる。

$$\xi_{12} = [1\ 1\ 0\ -1\ 0]^T \qquad (3.45)$$

とおけば，$\xi_{13} = [a\ b\ c\ d\ e]$ について式(3.38) ($k=1, i=2$) は

3.4 一般化固有ベクトルについて

$$b=1, \quad c=1, \quad e=-1 \tag{3.46}$$

となる。そこで

$$\xi_{13} = [1 \ 1 \ 1 \ 0 \ -1]^T \tag{3.47}$$

を選んでみる。$k=2$ についても同様に

$$\xi_{22} = [0 \ 1 \ 0 \ 1 \ 1]^T \tag{3.48}$$

を選ぶ。これらの一般化固有ベクトルを使えば

$$\varXi = \begin{bmatrix} 1 & 1 & 1 & 1 & 0 \\ 0 & 1 & 1 & 0 & 1 \\ 0 & 0 & 1 & 0 & 0 \\ 0 & -1 & 0 & 1 & 1 \\ 0 & 0 & -1 & 0 & 1 \end{bmatrix} \tag{3.49}$$

という座標変換の行列が得られる。この行列で A を相似変換すると

$$\varXi^{-1} A_J \varXi = A_J \tag{3.50}$$

となって、もとと同じ行列が得られる（問題(10)）。

注意事項を2つ述べる。第一に、上の例では置換行列や対角行列でない、かなり複雑な変換行列によって、ジョルダンの標準形 A_J が同じ A_J に変換されている。このことは、行列 A の固有値に重根がある場合には、ジョルダンの標準形自体は（ブロックの入替えを除いて）一意に決まるのだが、変換行列（すなわち基底のとり方）にかなりの自由度があることを意味する。この点で、固有値がすべて相異なる場合（問題(6)）とかなりの違いがあることに注意されたい。第二に、上の例で式(3.42), (3.43)のかわりに

$$\xi_{11}{}^T = [1 \ 0 \ 0 \ 1 \ 0] \tag{3.51}$$

$$\xi_{21}{}^T = [1 \ 0 \ 0 \ -1 \ 0] \tag{3.52}$$

という固有ベクトルの組から出発して上の計算法を適用すると、一次独立な5本の一般化固有ベクトルが求まらない（$\mu=3$ で行き詰まる。問題(11)）。すなわち、はじめに説明した方法で一次独立な n 本の一般化固有ベクトルを得るためには、特定の固有ベクトルの組から出発する必要がある。どのような固有ベクトルの組から出発すればよいかを詳述する余裕はないが（零化多項式、最

小多項式といった概念を使って，固有空間の構造を詳しく調べなければならない．文献 12) 参照)．固有値が重根である行列のモード分解は，一般的にはかなりややこしい問題となることを認識されたい．ただし，すべての固有値について式(3.16)が成り立つ（すなわち縮退行列の）場合，およびすべての固有値の幾何学的重複度が 1（すなわち対角化可能）の場合については困難が少ない（前者の場合は，各固有値に対応する固有ベクトルは定数倍を無視して 1 本しか存在しないから，それについて式(3.38)を解けばよい．後者の場合は，s_i に対応する一次独立な固有ベクトルが n_i 本存在するので，それだけで Ξ をつくることができる）．

問　　題

（1）　式(3.5)を導け．
（2）　例 3.1 の等価変換の計算を行え．
（3）　コンパニオンフォーム(3.17)の特性多項式を計算せよ．
（4）　固有値がすべて相異なる場合について，式(3.19)の行列を座標変換行列とすれば，A がジョルダンの標準形に変換されることを示せ．
（5）　例 3.2 について，計算の詳細を実行せよ．
（6）　A が相異なる n 個の固有値をもつ場合について，モード分解のための座標行列 Ξ のクラスを調べよ．
（7）　式(3.33)～(3.35)を導け．
（8）　2 章の問題(9)の式(2.57)の行列 A を実数の範囲でモード分解せよ．さらに，得られた A_{RJ} について求めた遷移行列 $\tilde{\Phi}(t)$ から，式(3.6)を使ってもとのシステムの遷移行列を計算し，2 章の問題(9)の解答と一致することを確かめよ．
（9）　式(3.38)を満たす $\xi_{k,u}$ が式(3.37)を満たすことを示せ．
（10）　式(3.50)を確認せよ．
（11）　式(3.51), (3.52)の固有ベクトルから出発して，式(3.38)を解いてみよ．

4

システムの極と安定性

　本章では，遷移行列 $\Phi(t)$ を状態方程式の係数行列 A の固有値と固有ベクトル（重複固有値については一般化固有ベクトル）によって表した後で，システムの極の概念を導入し，安定性について述べる。

4.1　A の固有値・固有ベクトルを使った遷移行列の表現

　等価なシステムの遷移行列の間には，式(3.6)が成り立つ。これを Φ について解き，モード分解の場合に当てはめれば

$$\Phi(t) = \Xi \Phi_J(t) \Xi^{-1} \tag{4.1}$$

を得る。ただし，$\Phi(t)$ はシステム(2.1)，(2.2)の遷移行列，$\Phi_J(t)$ はそれをモード分解したシステムの遷移行列，Ξ はモード分解のための座標変換行列である。$\Phi_J(t)$ は式(3.13)の A_J によって

$$\Phi_J(t) = \mathcal{L}^{-1}[(sI - A_J)^{-1}] \tag{4.2}$$

で与えられる。さらに，A_J の形から

$$(sI - A_J)^{-1} = \text{block diag}[(sI - J_i)^{-1}] \tag{4.3}$$

が得られる。ただし，J_i は式(3.14)のジョルダンブロックである。したがって，$(sI - J_i)^{-1}$ を求めてそれを逆ラプラス変換すれば，もとのシステムの遷移行列，特にその要素としてどのような関数が含まれるかが明らかとなる。

　$(sI - J_i)^{-1}$ を計算すれば

$$
(sI-J_i)^{-1}=\begin{bmatrix} \dfrac{1}{(s-s_i)} & \dfrac{-1}{(s-s_i)^2} & \cdots & \dfrac{(-1)^{n_i-1}}{(s-s_i)^{n_i}} \\ 0 & \dfrac{1}{(s-s_i)} & \cdots & \dfrac{(-1)^{n_i-2}}{(s-s_i)^{n_i-1}} \\ \vdots & \vdots & \ddots & \vdots \\ 0 & 0 & \cdots & \dfrac{1}{(s-s_i)} \end{bmatrix} \tag{4.4}
$$

となる(問題(1))。これを逆ラプラス変換して

$$
\mathcal{L}^{-1}[(sI-J_i)^{-1}]=\begin{bmatrix} e^{s_i t} & -te^{s_i t} & \cdots & \dfrac{(-1)^{n_i-1}}{(n_i-1)!}t^{n_i-1}e^{s_i t} \\ 0 & e^{s_i t} & \cdots & \dfrac{(-1)^{n_i-2}}{(n_i-2)!}t^{n_i-2}e^{s_i t} \\ \vdots & \vdots & & \vdots \\ 0 & 0 & \cdots & e^{s_i t} \end{bmatrix} \tag{4.5}
$$

となる。以上から

$$
\Phi(t)=\sum_{i=1}^{N}\sum_{k=1}^{n_i}\Phi_{ik}\dfrac{(-1)^{k-1}}{(k-1)!}t^{k-1}e^{s_i t} \tag{4.6}
$$

を得る。ただし,N はジョルダンブロックの数,n_i は各ジョルダンブロックのサイズである。また,Φ_{ik} は $n\times n$ の定数行列でつぎのようになる。

固有値 s_i が単根の場合には,モード分解の座標変換行列 $\varXi$ の第 i 列 ξ_i(**3**章の問題(6)で示したように,s_i に対応する A の右固有ベクトルである)と,$\varXi^{-1}$ の第 i 行 $\xi_i{}^T$(これは A の左固有ベクトルになる)によって

$$
\Phi_{i1}=\xi_i\xi_i{}^T \tag{4.7}
$$

で与えられる(問題(3))。$\varXi$ は **2** 章の問題(6)に示した自由度しかもたないので,Φ_{i1} は変換行列にかかわらず一意に定まる。

例 *4.1* モード分解を利用した遷移行列の計算

例 *3.2* のシステムについて,固有値は 1 と -2 で両方とも単根である。したがって,遷移行列は e^t と e^{-2t} という 2 つの項からなる。モード分解の座標変換行列 $\varXi$ を,例 *3.2* と同じく式(*3.22*)の ξ_1,ξ_2 で構成するものとする。式(*4.1*)によりシステム(*3.20*)の遷移行列 $\Phi_{(3.20)}(t)$ は

4.1 A の固有値・固有ベクトルを使った遷移行列の表現

$$\Phi_{(3.20)}(t) = \Xi \Phi_{(3.23)}(t) \Xi^{-1} \tag{4.8}$$

という形で与えられる。右辺に具体的な数値, 関数を代入して (Ξ の各列は式 (3.22), $\Phi_{(3.23)}(t)$ は式 (2.23) の遷移行列, Ξ^{-1} は問題 (5) の解答を参照), さらに e^t, e^{-2t} という関数を取り出す形で行列の掛け算の計算を進めれば

$$\begin{aligned}
\Phi_{(3.20)}(t) &= \begin{bmatrix} 2 & 3 \\ 1 & 2 \end{bmatrix} \begin{bmatrix} e^t & 0 \\ 0 & e^{-2t} \end{bmatrix} \begin{bmatrix} 2 & -3 \\ -1 & 2 \end{bmatrix} \\
&= \begin{bmatrix} 2 & 3 \\ 1 & 2 \end{bmatrix} \left\{ \begin{bmatrix} 2 & -3 \\ 0 & 0 \end{bmatrix} e^t + \begin{bmatrix} 0 & 0 \\ -1 & 2 \end{bmatrix} e^{-2t} \right\} \\
&= \begin{bmatrix} 2 \\ 1 \end{bmatrix} \begin{bmatrix} 2 & -3 \end{bmatrix} e^t + \begin{bmatrix} 3 \\ 2 \end{bmatrix} \begin{bmatrix} -1 & 2 \end{bmatrix} e^{-2t}
\end{aligned} \tag{4.9}$$

となることがわかる。式 (4.9) を一般式として書き下したものが, 式 (4.6), (4.7) にほかならない。

重複固有値については, その値を s_μ, 幾何学的重複度を κ_μ とする。κ_μ 本の固有ベクトル $\xi_{\kappa 1}$ ($\kappa=1, \cdots, \kappa_\mu$) から出発して式 (3.38) を解くことにより, それぞれ n_{i_κ} 本の一般化固有ベクトル $\xi_{\kappa\nu}$ ($\nu=1, \cdots, n_{i_\kappa}$) をつくる。ただし, n_{i_κ} の総和が s_μ の代数的重複度 N_μ に等しく, つくった N_μ 本のベクトルが一次独立になるようにする。$\xi_{\kappa\nu}$ をモード分解の座標変換行列のベクトルとして用いれば, κ_μ 個のジョルダンブロック J_{i_κ} ($\kappa=1, \cdots, \kappa_\mu$) の対角要素 s_{i_κ} が同じ値 s_μ となる。また, おのおののジョルダンブロックに対応する Φ_{ik} ($i=i_\kappa$) は次式で与えられる。

$$\Phi_{ik} = \sum_{j=1}^{n_i-(k-1)} \xi_{\kappa,j} \zeta^T_{\kappa,j+k-1} \qquad (i=i_\kappa) \tag{4.10}$$

ここで, $\zeta^T_{\kappa\nu}$ は Ξ^{-1} の行ベクトルで $\xi_{\kappa\nu}$ に対応する位置にあるものである。3.4 節で述べたように, 一般化固有ベクトルにはかなりの自由度があるから, 上の Φ_{ik} は一意には決まらない。しかし, s_{i_κ} ($\kappa=1, \cdots, \kappa_\mu$) が同じ値をとるので, 式 (4.6) の $i=i_{\kappa_1}, \cdots, i_{\kappa_\mu}$ の項に同類項が現れる。これらの同類項を加えて得られる各項の係数行列は, 一般化固有ベクトルの選び方にかかわらず一意に定まる (問題 (4))。

4.2 システムの極と遷移行列に含まれる関数

4.1節では,A の固有値を s_μ, s_μ に対応する最大のジョルダンブロックのサイズを n_μ とするとき,遷移行列が

$$t^{k-1} e^{s_\mu t} \quad (k=1, \cdots, n_\mu) \tag{4.11}$$

という関数からなることを導いた(式(4.6))。このように,時間に対する遷移行列の変化の様子は,行列 A の固有値およびそのジョルダン標準形の構造によって決定される。A の固有値を**システムの極** (pole) と呼ぶ。

固有値に複素数がある場合については,式(4.6)が複素関数を含むことになり,$\Phi(t)$ の振舞いがわかりにくい。そこで,式を整理して実数の範囲の表現に直しておく(単根の場合については **3.3** 節で述べたとおりである)。A が実数行列であるから,複素数の固有値は必ず共役複素数の対として現れて,複素共役な2つの固有値の幾何学的重複度,および対応するジョルダンブロックの数およびサイズはそれぞれ相等しい。そこで,i 番目および $i+1$ 番目のジョルダンブロックに対応する固有値が

$$s_i = \alpha_i + j\beta_i, \quad s_{i+1} = \alpha_i - j\beta_i \quad (\alpha_i, \beta_i \text{ は実数}) \tag{4.12}$$

であるとする。このとき,s_i と s_{i+1} の一般化固有ベクトルとしてそれぞれ複素共役なものが選べる。そのように選べば,$\Phi_{i,k}$ と $\Phi_{i+1,k}$ も複素共役になるから,実数行列 Ψ_{ik}, X_{ik} によって

$$\Phi_{ik} = \Psi_{ik} + jX_{ik}, \quad \Phi_{i+1,k} = \Psi_{ik} - jX_{ik} \tag{4.13}$$

と表せる。このとき,式(4.6)右辺の $e^{s_i t}$ および $e^{s_{i+1} t}$ を含む項の和 $\Phi(t;i)$ は

$$\Phi(t;i) = \sum \frac{(-1)^{k-1}}{(k-1)!} 2\, t^{k-1} e^{\alpha_i t} \{\Psi_{ik} \cos \beta_i t - X_{ik} \sin \beta_i t\} \tag{4.14}$$

となる(問題(5))。

以上より,実数の固有値に対応するジョルダンブロックが N_R 個,複素数の固有値に対応するブロックが $2N_c$ 個あって $(N_R + 2N_c = N)$

実数の固有値 $\quad s_i \quad (i=1, \cdots, N_R)$

複素数の固有値　　$s_i = \alpha_i + j\beta_i$,　$s_{i+1} = \alpha_i - j\beta_i$

$$(i \in N_c \equiv \{N_R+1,\ N_R+3,\ \cdots,\ N_R+2N_c-1\})$$

であるとすれば，遷移行列は

$$\Phi(t) = \sum_{i=1}^{N_R} \sum_{k=1}^{n_i} \frac{(-1)^{k-1}}{(k-1)!} \Phi_{ik} t^{k-1} e^{s_i t}$$

$$+ \sum_{i \in N_c} \sum_{k=1}^{n_i} \frac{(-1)^{k-1}}{(k-1)!} 2\, t^{k-1} e^{\alpha_i t} \{\Psi_{ik} \cos \beta_i t - X_{ik} \sin \beta_i t\} \quad (4.15)$$

という形になる．ただし，n_i は固有値 s_i に対応するジョルダンブロックのサイズ，Φ_{ik}, Ψ_{ik}, X_{ik} は実数を要素とする定数行列である．

4.3　システムの安定性

式 (4.15) より，実数の極 s_i に対応して遷移行列に

$$t^{k-1} e^{s_i t} \quad (k=1, \cdots, n_i) \quad (4.16)$$

という関数が現れ，複素数の極 $s_i = \alpha_i + j\beta_i$, $s_{i+1} = \alpha_i - j\beta_i$ に対応して

$$t^{k-1} e^{\alpha_i t} \cos \beta_i t,\quad t^{k-1} e^{\alpha_i t} \sin \beta_i t \quad (k=1, \cdots, n_i) \quad (4.17)$$

という関数が現れることがわかった．このことから，つぎの性質が導ける．

【命題 4.1】　$t \to \infty$ での遷移行列の振舞い

遷移行列 $\Phi(t)$ の要素 $\varphi_{ij}(t)$ は $t \to \infty$ でつぎの性質をもつ．

① 極の実部がすべて負である場合：すべての $\varphi_{ij}(t)$ について

$$t \to \infty \text{ のとき } \varphi_{ij}(t) \to 0 \quad (4.18)$$

② 実部が 0 である極が存在し，他の極の実部がすべて負である場合：

ⅰ）実部が 0 の極に対応するジョルダンブロックのサイズがすべて 1 であれば，$t \geqq 0$ ですべての $\varphi_{ij}(t)$ は有界であるが，$\varphi_{ij}(t)$ のなかの少なくともひとつは $t \to \infty$ で 0 に収束しない．

ⅱ）実部が 0 の極に対応するジョルダンブロックのなかにサイズが 2 以上のものがあれば，$\varphi_{ij}(t)$ のなかの少なくともひとつについて

$$t \to \infty \text{ のとき } |\varphi_{ij}(t)| \to \infty \quad (4.19)$$

③ 実部が正の極が存在する場合：少なくともひとつの $\varphi_{ij}(t)$ について式 (4.19) が成り立つ。　　　　　　　　　　　　　　　　　　　　　　　　♠

命題 4.1 の①の場合，すなわち極の実部がすべて負である場合，システムは**安定**（stable）**である**（または**リアプノフの意味で漸近安定**である[†]）という。極のなかに実部が 0 または正のものがあるとき，システムは**不安定**（unstable）であるという。特に，極のなかに実部が 0 のものが存在し，他の極の実部がすべて負であるときには，システムは**安定限界**（stability limit）にあるという。また，一般に，A の固有値のなかで実部が負のものを**安定極**（stable pole），実部が 0 または正のものを**不安定極**（unstable pole）と呼ぶ。システムの安定性はつぎの命題 4.2 のような性質を意味する。

【命題 4.2】 安定性の意味
システムが安定であればつぎの性質が成り立つ

① 任意の初期条件 $x(t_0)=x_0$ に対して，自励系の解軌道 $x(t)$ は $t\to\infty$ で 0 に収束する。

② 入力が有界
$$|u(t)|\leq M_u \quad (\forall t\geq t_0) \tag{4.20}$$
であれば，出力も有界
$$|y(t)|\leq M_y \quad (\forall t\geq t_0) \tag{4.21}$$
である。さらに，初期値が 0 であれば式 (4.22) が成り立つ。
$$M_y\leq 定数\times M_u \tag{4.22}$$
　　　　　　　　　　　　　　　　　　　　　　　　　　　　　　　　　　　♠

命題 4.2 の性質①は，命題 4.1 の①から明らかである。性質②については，その必要性を含めて **6** 章で扱う。

[†] 時不変線形システムだけを考えているときには，単に「安定である」といえばよい。しかし，時変システムや非線形システムまで視野に入れるならば，①の場合は「リアプノフの意味で漸近安定」であり，①および②のⅰ）の場合に「リアプノフの意味で安定」ということになる。詳しくは **12** 章参照。

4.4　ラウスの安定判別法

　システムが安定であるか否かを調べる方法を，**安定判別法**という。システムが安定であるか否かは実用上重要であるから，いろいろな安定判別法が考えられてきた。本節と **4.5** 節では，ラウスおよびフルビッツによってそれぞれ導かれた 2 つの方法について述べる。

　システムの安定性は「極の実部」，すなわち「行列 A の固有値の実部」によって決まる。A の固有値は特性方程式

$$\varDelta_A(s) \equiv s^n + \alpha_{n-1}s^{n-1} + \cdots + \alpha_1 s + \alpha_0 = 0 \qquad (4.23)$$

の根である。そこで，式 (4.23) の根の実部がすべて負であるとき，多項式 $\varDelta_A(s)$ は**フルビッツである**または**安定**であるという。行列 A についても，固有値の実部がすべて負であるとき，A は**フルビッツである**または**安定**であるという。安定判別のためには，方程式 (4.23) を解いて根の実部の符号を調べればよいわけだが，n が大きい場合には解くのに手間がかかる。そこで，方程式の係数 $\alpha_0, \cdots, \alpha_{n-1}$ に有限回の四則演算（本質的には加減乗算だけでよい）を行うことによって，安定性を判別する方法が考案された。そのなかでラウスによって導かれたのがつぎの方法である。

【定理 4.1】　ラウスの安定判別法

　式 (4.23) の特性多項式 $\varDelta_A(s)$ に対し，**ラウス表**をつぎのようにつくる。$\alpha_n = 1$ とおく。ラウス表は $n+1$ 行からなる数の配列であり，そのはじめの 2 行は

　　　　第 1 行　$\alpha_n, \alpha_{n-2}, \alpha_{n-4}, \cdots$ 　　　　　　　　　　　　　　(4.24)

　　　　(α_n から始めて，$\varDelta_A(s)$ の係数をひとつ飛ばしに並べたもの)

　　　　第 2 行　$\alpha_{n-1}, \alpha_{n-3}, \alpha_{n-5}, \cdots$ 　　　　　　　　　　　　　(4.25)

　　　　(α_{n-1} から始めて，$\varDelta_A(s)$ の係数をひとつ飛ばしに並べたもの)

である。第 k 行の長さを m とし，その要素が

　　　　第 k 行　$x_m, x_{m-1}, \cdots, x_1$ 　　　　　　　　　　　　　　　(4.26)

であったとする。第 $k+1$ 行の長さが m であれば，その要素を

$$\text{第 } k+1 \text{ 行} \quad y_m, y_{m-1}, \cdots, y_1 \tag{4.27}$$

とする。第 $k+1$ 行の長さが $m-1$ であれば，その右端に 0 をひとつ補充してつくった行の要素を式 (4.27) のとおりとする（この場合には，$y_1=0$ で，$y_m, \cdots, y_2$ がもともとの第 $k+1$ 行の要素になる）。第 $k+2$ 行は長さ $m-1$ でその要素

$$\text{第 } k+2 \text{ 行} \quad z_{m-1}, z_{m-2}, \cdots, z_1 \tag{4.28}$$

は次式で定められる。

$$z_{m-i} = -\frac{1}{y_m}\begin{vmatrix} x_m & x_{m-i} \\ y_m & y_{m-i} \end{vmatrix} \quad (i=1, \cdots, m-1) \tag{4.29}$$

$\Delta_A(s)$ がフルビッツであるための必要十分条件は，ラウス表の左端の数がすべて正であることである。 ♠

ラウス表の計算において，左端に 0 が現れると，そのつぎの行に関する式 (4.29) が計算できなくなる（$y_m=0$ であるから，右辺の値が定まらない）が，その場合は「$\Delta_A(s)$ はフルビッツでない」と結論すればよい。なお，式 (4.29) の $1/y_m$ を省くことにすれば，左端の数が 0 になっても表を完成させることができる。この表を使えば，不安定極の数を調べることもできる。定理 4.1 の証明は文献 12)，13)，15)，17) を参照されたい。

例 4.2　ラウスの安定判別法：安定な場合

特性多項式

$$\Delta_A(s) = s^4 + 5s^3 + 10s^2 + 10s + 4 \tag{4.30}$$

についてラウス表を計算すれば **表 4.1** を得る。左端の要素がすべて正だから，

表 4.1　式 (4.30) のラウス表

第 1 行	1	10	4
第 2 行	5	10	
第 3 行	8	4	
第 4 行	7.5		
第 5 行	4		

式(4.30)はフルビッツである．ちなみに，式(4.30)の零点（すなわち，特性方程式の根）はつぎのとおりである．

$$s=-1, \quad s=-2, \quad s=-1\pm j \qquad (4.31)$$

例 4.3 ラウスの安定判別法：不安定な場合

特性多項式

$$\Delta_A(s)=s^4+2s^3+s^2+4s+4 \qquad (4.32)$$

についてラウス表を計算すれば**表 4.2**を得る．第3行目の左端の要素が負であるから，式(4.32)はフルビッツでない．ちなみに，式(4.32)の零点はつぎのとおりである．

$$s=-1, \quad s=-2, \quad s=\frac{1\pm\sqrt{3}\,j}{2} \qquad (4.33)$$

表 4.2 式(4.32)のラウス表

第1行	1	1	4
第2行	2	4	
第3行	−1	4	
第4行	12		
第5行	4		

なお，式(4.23)がフルビッツであれば，特性多項式の係数 $a_0, \cdots, a_{n-1}$ はすべて正であることが容易に示せる．すなわち，$a_0, \cdots, a_{n-1}$ が正であることはフルビッツであるための必要条件である．これを使えば，特性多項式の係数 $a_0, \cdots, a_{n-1}$ に0または負の数が現れた場合には，ラウス表をつくるまでもなくシステムは不安定であると結論できる．

【命題 4.3】 フルビッツ多項式であるための必要条件

式(4.23)の多項式 $\Delta_A(s)$ がフルビッツであるためには，係数 $a_0, \cdots, a_{n-1}$ がすべて正でなければならない． ♠

4.5 フルビッツの安定判別法

4.4節では，一定のアルゴリズムに従って表をつくることによって安定判別

を行った.これに対し,つぎの定理4.2を使えば,行列式を計算することによって安定判別を行うことができる.

【定理 4.2】 フルビッツの安定判別法

式(4.23)の特性方程式 $\Delta_A(s)$ に対して,次式で与えられる $n \times n$ の行列式 H をフルビッツ(Hurwitz)の行列式と呼ぶ.ただし,$\alpha_n = 1$ とおく.

$$H = \begin{vmatrix} \alpha_{n-1} & \alpha_{n-3} & \alpha_{n-5} & \cdots & & & 0 \\ \alpha_n & \alpha_{n-2} & \alpha_{n-4} & \cdots & & & 0 \\ 0 & \alpha_{n-1} & \alpha_{n-3} & \cdots & & & 0 \\ 0 & \alpha_n & \alpha_{n-2} & \cdots & & & 0 \\ \vdots & & & \cdots & & & \vdots \\ 0 & & & \cdots & \alpha_3 & \alpha_1 & 0 \\ 0 & & & \cdots & \alpha_4 & \alpha_2 & \alpha_0 \end{vmatrix} \quad (4.34)$$

ここで,H の第1行は,$\Delta_A(s)$ の係数を α_{n-1} から始めてひとつ飛ばしに並べたもの(ここまではラウス表の第2行と同じ)に0を加えて長さを n としたもの,H の第2行は,$\Delta_A(s)$ の係数を α_n から始めてひとつ飛ばしに並べたもの(ラウス表の第1行と同じ)に0を加えて長さを n としたものである.第 $2k+1$ 行,第 $2k+2$ 行は,第 $2k-1$ 行,第 $2k$ 行を1列右へずらせて第 n 列までで打ち切り左側に0を補充したものである.H の左上隅に位置する k 次の小行列式を H_k とする.$\Delta_A(s)$ がフルビッツであるための必要十分条件は H_k ($k=1, \cdots, n$) がすべて正であることである. ♠

証明は文献12),13),16),17)を参照されたい.特性多項式の係数がすべて正である(必要条件)という前提のもとでは,安定性を判別するためには,左上隅小行列式をひとつ飛ばしに調べるだけでよいこともわかっている.

例 4.4 フルビッツの安定判別法:安定な場合

特性多項式が式(4.30)である場合のフルビッツの行列式は

$$H = \begin{vmatrix} 5 & 10 & 0 & 0 \\ 1 & 10 & 4 & 0 \\ 0 & 5 & 10 & 0 \\ 0 & 1 & 10 & 4 \end{vmatrix} \quad (4.35)$$

であり，左上隅の小行列式の値は

$$H_1=5, \quad H_2=40, \quad H_3=300, \quad H_4=1200 \tag{4.36}$$

となる。したがって，式(4.30)がフルビッツであることがわかる。

例 4.5 フルビッツの安定判別法：不安定な場合

特性多項式が式(4.32)である場合のフルビッツの行列式は

$$H = \begin{vmatrix} 2 & 4 & 0 & 0 \\ 1 & 1 & 4 & 0 \\ 0 & 2 & 4 & 0 \\ 0 & 1 & 1 & 4 \end{vmatrix} \tag{4.37}$$

であり，左上隅の小行列式の値は

$$H_1=2, \quad H_2=-2, \quad H_3=-24, \quad H_4=-96$$

となる。したがって，式(4.32)はフルビッツでないことがわかる。

4.6 リアプノフ方程式

システム(2.1)，(2.2)の係数行列 A を含むつぎの方程式(4.38)を，**リアプノフ方程式**（Lyapunov equation）という。

$$A^T P + PA = -Q \tag{4.38}$$

ただし，P と Q は $n \times n$ の対称な正方行列とする。システムの安定性とリアプノフ方程式について，つぎの定理 4.3 が成り立つ。

【定理 4.3】 安定行列に関するリアプノフの定理

① 行列 A がフルビッツであれば，任意の正定値行列 Q を与えたとき，式(4.38)は唯一解 P をもち，P は正定値である。

② ある正定値行列の組 (P, Q) について式(4.38)が成立すれば，行列 A はフルビッツである[†]。 ♠

定理 4.3 の証明は文献 12)を参照されたい。条件②を満たす (P, Q) が存在するとして

[†] (Q, A) が可観測であれば，Q が半正定値列の場合も定理は成立する。

$$v(x) = x^T P x \qquad (4.39)$$

という2次関数を考える。$v(x)$ を自励系

$$\frac{dx}{dt} = Ax \qquad (4.40)$$

の解軌道に沿って微分すれば

$$\left[\frac{dv}{dt}\right]_{(4.40)} = \left[\frac{dv}{dt}\right]_{(4.40)}^T P x + x^T P \left[\frac{dv}{dt}\right]_{(4.40)}$$

$$= x A^T P x + x^T P A x = -x^T Q x \qquad (4.41)$$

となる。Q が正定値行列だから式(4.41)は $x \neq 0$ で負の値をとる。一方，P が正定値行列だから，c を正の定数とするとき，方程式

$$v(x) = c \qquad (4.42)$$

は，状態空間のなかの原点を中心とする超楕円を表す（図 **4.1**）。式(4.41)が負であるということは，自励系(4.40)の解軌道がこの超楕円を外から内へ（すなわち原点の方向へ）横切ることを意味する。一般にこのような性質をもった関数 $v(x)$ を自励系の**リアプノフ関数**（Lyapunov function）と呼ぶ（正確な定義は **12** 章）。リアプノフ関数は，非線形性が含まれる場合に自励系の安定性を保証する手段として重要である。また，自励系が原点へ収束する速さの下限を P と Q の関係から評価することができるので，制御系の設計にも利用される。

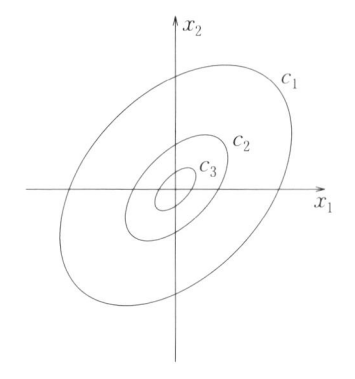

図 **4.1** リアプノフ関数の等高面（$c_1 > c_2 > c_3$）

問 題

（1） 式(4.4)を導け。
（2） 式(2.43)を直接使ってシステム(3.20)の遷移行列を計算し，式(4.9)と一致することを確かめよ。
（3） s_i がすべて単根の場合，Ξ^{-1} の逆行列の第 i 列が，s_i に対応する A の左固有ベクトルであることを示せ．さらに，式(4.7)を示せ。
（4） 例3.4の行列 A_J について，例で求めた一般化固有ベクトルを使って式(4.6)を計算し，それが A_J から直接計算した $\Phi(t)$ と一致することを確かめよ。
（5） 式(4.14)を導け。
（6） つぎの係数行列 A をもつシステムの遷移行列に含まれる関数を求めよ。

$$A = \begin{bmatrix} -2 & -1 & 0 & 0 & 0 \\ 0 & -2 & 0 & 0 & 0 \\ 0 & 0 & -2 & 0 & 0 \\ 0 & 0 & 0 & 1 & 3 \\ 0 & 0 & 0 & -3 & 1 \end{bmatrix} \qquad (4.43)$$

（7） 2章の問題(9)，および前問(6)のシステムの特性多項式を計算し，ラウスの安定判別法を使って安定性を調べよ（前問(6)は，実数の範囲でモード分解されているから，固有値がただちに求められるので，わざわざラウスの安定判別法を使う必要はない。ここでは，ラウス表をつくる練習として計算してみてほしい)。
（8） $Q=I$ として，2章の問題(9)の A（式(2.57)）についてのリアプノフ方程式を解いて，P が正定値となることを確かめよ。

5 可制御性と可観測性

システムを制御するには,「外部から加える入力によってシステム内部の状態をどの程度まで変化させられるか」,また「外部で観測できる出力に基づいてシステム内部の状態をどの程度まで正確に推定できるか」を明確に把握しておく必要がある.本章ではこれらの性質について述べる.

5.1 可制御性と可観測性の定義

状態方程式(2.1),(2.2)についてつぎのように定義する.

【定義5.1】 可制御性

相異なる時刻 t_0, t_f ($t_0 < t_f$),および状態 x_0, x_f が任意に与えられるものとする.適当な入力 $u(t)$ が必ず存在して,初期条件 $x(t_0)=x_0$ に対する式(2.1)の解が $x(t_f)=x_f$ を満すようにできるとき,システム(2.1),(2.2)は**可制御**(controllable)であるという. ♠

【定義5.2】 可観測性

相異なる時刻 t_0, t_f が任意に与えられるものとする.$t_0 \leq t \leq t_f$ における出力 $y(t)$ と入力 $u(t)$ から,時刻 t_0 における状態の値 $x(t_0)=x_0$ を必ず一意に決定できるとき,システム(2.1),(2.2)は**可観測**(observable)であるという. ♠

可制御性と可観測性はつぎの意味をもつ.状態方程式によるシステムの記述は,システムの外と内という観点から**図5.1**のように理解することができる.すなわち,外界から u という入力がシステムに加えられ,また,システムは外界へ y という出力を出す.このように,u と y は「システムを外界に接続する量」であるので,**外部変数**(external variable)と呼ぶ.一方,x は,「シス

```
        入力  ┌─────────┐  出力
外界  ─────→  │システムの内部│ ─────→  外界
         u   │    x    │   y
             └─────────┘
```

図 5.1 内部変数と外部変数

テム内部の状況を表してその将来を決定する量」であるから，**内部変数**（internal variable）と呼ぶ．可制御性は，「外部変数をうまく操作すれば，システムの内部変数を任意の点へ動かすことができる」ことを意味し，可観測性は「外部変数についての知識から内部変数の値を正確に知ることができる」ことを意味する．

5.2 可制御性の条件

定義 5.1 から明らかなように，可制御性は式 (2.1) だけで（したがって，行列 A と B だけで）定まる．これについてつぎの性質が成り立つ．なお，条件の頭に付した「C」は controllability の意味であり，これと等価な条件を以下の定理で順次与えていく．

【定理 5.1】 可制御性の条件（1）

次式で**可制御性グラミアン**（controllability Gramian）を定義する．

$$W(t) = \int_0^t \Phi(-\tau) B B^T \Phi(-\tau)^T d\tau \tag{5.1}$$

つぎの 2 条件は等価であり，可制御であるために必要十分である．

(C1a) ある $t > 0$ について $W(t)$ が正則である．
(C1b) すべての $t > 0$ について $W(t)$ が正則である．

さらに，上の条件下で，つぎの入力は可制御性の要求を満たす．

$$u(t) = -B^T \Phi(t_0 - t)^T W(t_f - t_0)^{-1} \Delta x \tag{5.2}$$

$$\Delta x = x_0 - \Phi(t_0 - t_f) x_f \tag{5.3}$$

♠

条件 (C1b) は $W(t_f - t_0)$ の逆行列が存在して，式 (5.2) の入力が必ずつくれ

ることを保証するものである．式(5.2)の入力を加えたときに$x(t_f)=x_f$となることは，式(2.13)に代入して容易に確認できる．これによって，(C1b)の十分性が証明できる（問題(1)）．(C1b)の必要性は背理法で証明できる（問題(2)）．(C1a)と(C1b)の等価性については前者が後者に含まれるから，その逆だけを示せばよい．その証明は，定理5.2の条件を仲介として行う（問題(5)）．

式(5.2)の入力は，システムの状態を$x(t_0)=x_0$から$x(t_f)=x_f$へ動かすものであるが，そのような入力は唯一ではない．すなわち，式(5.2)の入力以外にも$x(t_f)=x_f$を達成する入力が存在する．

例5.1 可制御性に関する入力

例2.3のシステム(2.22)を考える．$t=0$で式(2.24)の初期状態$x_0=[1,\ 1]^T$にあるシステムを，$t=2$で$x(2)=[0,\ 0]$とする（すなわち，システムをx_0から原点へ動かす）問題を考える．まず，入力$u_0(t)$を式(5.2)に従って求めてみよう．式(2.23)の遷移行列を使って式(5.1)の可制御性グラミアンを計算すれば，式(2.26)のとおりになることがわかる（問題(3)）．つぎに，式(5.3)のΔxであるが，目的とする状態が原点$x_f=[0,\ 0]$であるから，$\Delta x=x_0$である．これらを式(5.2)に代入すれば

$$u_0(t)=-[1\ \ 1]\begin{bmatrix} e^t & 0 \\ 0 & e^{-2t} \end{bmatrix}^{-1}\begin{bmatrix} -\dfrac{1}{2}(e^{-4}-1) & e^2-1 \\ e^2-1 & \dfrac{1}{4}(e^8-1) \end{bmatrix}^{-1}\begin{bmatrix} 1 \\ 1 \end{bmatrix} \quad (5.4)$$

となる．このときの解は

$$x(t)\fallingdotseq \begin{bmatrix} -0.153e^t+0.018e^{2t}+1.14e^{-t} \\ 3.266e^{-2t}-2.270e^{-t}+0.005e^{2t} \end{bmatrix} \quad (5.5)$$

で，システムの軌道は図2.3の1点鎖線のようになり，$t=2$で原点に到達する．

一方，例2.3で調べたように，式(2.27)の$u_1(t)$と式(2.29)の$u_2(t)$を使って

$$u(t)=\begin{cases} u_1(t) & (0\leq t<1) \\ u_2(t) & (1\leq t<2) \end{cases} \quad (5.6)$$

とすれば，やはりシステムの軌道は $t=2$ で原点に到達する．同様に，$0<t<2$ の適当な時刻（複数でもよい）を選んで，その時刻に通るべき位置を任意に指定し，最後に原点へ到達させることも可能である．

例 5.1 の議論から，可制御であれば，$x(t_0)=x_0$ から $x(t_f)=x_f$ へシステムを動かすような入力は無数にあることがわかる．式(5.2)の入力は，そのなかで，つぎの積分（これは，入力のエネルギーに相当する量と見なせる）

$$I=\int \|u(t)\|^2 dt \tag{5.7}$$

を最小にするものである（問題(4)）．

つぎの定理5.2を使えば，システムの可制御性を可制御性グラミアン(5.1)の計算（すなわち，積分の計算）をせずに判別できる．

【定理 5.2】 可制御性の条件（2）

次式で**可制御性行列**（controllability matrix）を定義する．

$$U_c = \begin{bmatrix} B & AB & \cdots & A^{n-1}B \end{bmatrix} \tag{5.8}$$

つぎの2条件は等価であり，可制御であるために必要十分である．

(C2a) 可制御性行列 U_c のランクが n である．

(C2b) 行列 $U_c U_c^T$ が正則（すなわち $\det U_c U_c^T \neq 0$）である．　♠

式(5.8)の U_c は正方行列（$m=1$ のとき）または横長の行列（$m \geq 2$ のとき）であるから，条件 (C2a) と (C2b) が等価であることは行列の理論により明らかである．条件 (C2a) と定理 5.1 の 2 条件とが等価であることの証明は問題(5)とする．行列のランクは一次独立な行の数であり，初等操作によって容易に求めることができる．もちろん，ランクが n であるかどうか調べるだけなら条件 (C2b) を使ってもよいが，必ずしも計算は楽でない．また，不可制御な場合には U_c のランク自体がシステムの構造を決める重要なパラメータとなるから，初等操作のような方法でランクを求めておくことには意味がある．入力がスカラーである（$m=1$ の）場合については U_c が正方行列になるから，条件 (C2a) は $\det U_c \neq 0$ と等価である．

例 5.2 可制御性行列

例 2.1 の状態方程式について可制御性行列を算出すれば

$$U_c = \begin{bmatrix} 0 & 0 & 0 & a_2 b \\ 0 & 0 & a_2 b & 0 \\ 0 & b & 0 & -a_3 b \\ b & 0 & -a_3 b & 0 \end{bmatrix} \tag{5.9}$$

を得る。U_c の 4 つの行は一次独立であるから (問題(6)),U_c のランクは 4 である。したがって,例 2.1 のシステムは可制御である。このことは,U_c の行列式が

$$\det U_c = a_2^2 b^4 \neq 0 \tag{5.10}$$

であることによっても確められる。

コーヒーブレイク

可制御性はミサイル型制御可能性に過ぎない

「可制御性」ということばに惑わされないように注意をしておこう。定義 5.1 の可制御性は,「ある時刻に瞬間的に $x(t_f) = x_f$ とできる」ということであって,決してその位置にとどまっていることは (一般には) できない。たとえていえば,特定の時刻にミサイルを的に当てることができるという性質である。これに対し,あとの章でサーボ条件というのが出てくる。こちらは「出力を任意の値に維持することができる」条件であり,(出力に関するものではあるが) ヘリコプタ型の制御可能性といえる。この 2 種類の制御可能性を混同しないようにしていただきたい。

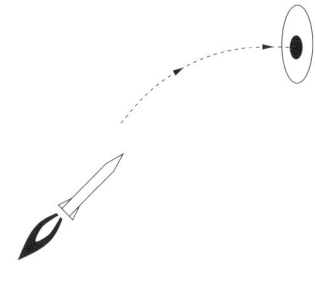

図 1 可制御性は,状態についてのミサイル型制御可能性である

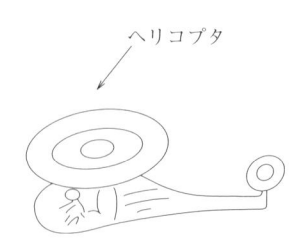

図 2 サーボ条件は,出力についてのヘリコプタ型制御可能性である

5.3 可観測性の条件

定義5.2にあるように，可観測性は式(2.1), (2.2)両方にかかわる性質であるが，可観測であるか否かは行列 A と C だけで決まる．具体的にはつぎの定理5.3が成り立つ（遷移行列 $\Phi(t)$ は行列 A だけで決まることに注意されたい）．なお，条件の頭に付した「O」は observability の意味である．

【定理5.3】 可観測性の条件（1）
次式で**可観測性グラミアン**（observability Gramian）を定義する．

$$M(t) = \int_0^t \Phi(\tau)^T C^T C \Phi(\tau) d\tau \tag{5.11}$$

つぎの2条件は等価であり，可観測であるために必要十分である．
 (O1a) ある $t \neq 0$ について $M(t)$ が正則である．
 (O1b) すべての $t \neq 0$ について $M(t)$ が正則である． ♠

上の条件下で，時刻 t_0 での状態の値は式(5.12), (5.13)で求められる．

$$x_0 = M(t_f - t_0)^{-1} \int_{t_0}^{t_f} \Phi(t - t_0) C^T \Delta y(t) dt \tag{5.12}$$

$$\Delta y(t) = y(t) - C \int_{t_0}^{t} \Phi(\tau) Bu(\tau) d\tau - Du(t) \tag{5.13}$$

式(5.12)の右辺が x_0 に等しくなることは，式(2.14)を使って直接確認できる（問題(9)）．これにより条件(O1b)の十分性が明らかになる．条件(O1a)の必要性は背理法で証明できる（問題(10)）．(O1a)は(O1b)に論理的に含まれている．逆に(O1a)が(O1b)を意味することは，つぎの定理5.4の証明で明らかとなる．

【定理5.4】 可観測性の条件（2）
次式で**可観測性行列**（observability matrix）を定義する．

$$U_o = \begin{bmatrix} C \\ CA \\ \vdots \\ CA^{n-1} \end{bmatrix} \tag{5.14}$$

つぎの 2 条件は，可観測であるために必要十分である．

　　(O2a)　可観測性行列 U_o のランクが n である．
　　(O2b)　行列 $U_o{}^T U_o$ が正則（すなわち $\det U_o{}^T U_o \neq 0$）である．　　♠

U_o は正方行列（$p=1$ のとき）または縦長の行列（$p \geq 2$ のとき）であり，条件 (O2a) と (O2b) の等価性は行列の理論により明らかである．条件 (O2a) および定理 5.3 の 2 条件の等価性の証明は問題(10)とする．行列のランクの調べ方については，可制御性行列の場合と同様である．

問　　題

（1）定理 5.1 の条件 (C1a) の十分性を証明せよ．
（2）定理 5.1 の条件 (C1b) の必要性を証明せよ．
（3）例 5.1（すなわち，式(2.22)のシステム）の可制御性グラミアンを計算せよ．
（4）式(5.2)の入力が，システムを $x(t_0)=x_0$ から $x(t_f)=x_f$ へ動かす入力のなかで式(5.7)の積分を最小にするものであることを示せ．
（5）定理 5.1 の 2 条件と，定理 5.2 の条件 (C2a) の等価性を証明せよ．
（6）例 5.2 の U_c の 4 つの行が一次独立であることを，定義に従って示せ．
（7）例 5.2 の U_c に初等行操作を施してランクを求めてみよ．
（8）つぎの状態方程式（$m=2, n=3, p=2$）の可制御性，可観測性調べよ．
$$\frac{dx}{dt} = \begin{bmatrix} 6 & 0 & 10 \\ 5 & 1 & 10 \\ -3 & -1 & -6 \end{bmatrix} x + \begin{bmatrix} 2 & 2 \\ 1 & 2 \\ -1 & 1 \end{bmatrix} u$$
$$y = \begin{bmatrix} 0 & 1 & 1 \\ 2 & -1 & 3 \end{bmatrix} x$$
（9）式(2.14)を使って式(5.12)を確認せよ．
（10）定理 5.3 の 2 条件と定理 5.4 の 2 条件の等価性を証明せよ．

6
伝達行列 ─ システムの入出力特性

システムの数学的モデルとして,状態方程式のほかに伝達関数・伝達行列が重要である.伝達関数・伝達行列は,システムの入出力の関係を表すものである.

6.1 伝達行列と伝達関数

2.3 節で導いた式 (2.38), (2.44) から,初期条件が 0 であれば入力と出力のラプラス変換の間に

$$Y(s) = G(s)U(s) \tag{6.1}$$

$$G(s) = C(sI-A)^{-1}B + D = \frac{1}{\Delta_A(s)} C \operatorname{Adj}(sI-A)B + D \tag{6.2}$$

の関係があることがわかる.$G(s)$ をシステムの**伝達行列**(transfer matrix),その i-k 要素 $g_{ik}(s)$ を,入力 u_k から出力 y_i への**伝達関数**(transfer function)と呼ぶ.伝達行列は入出力関係に注目したシステムの数理モデルである.スカラー系については伝達関数が 1 個になるので,伝達行列と同一視する.システムの伝達行列を理論的に導出する手段としてつぎの 2 通りがある.

① システムの振舞いを記述する方程式を,初期値が 0 であるという仮定のもとでラプラス変換して,$Y(s)$ と $U(s)$ の関係を求める.
② システムの状態方程式をまず導いてから,式 (6.2) の計算をする(具体的には,例えば公式 2.5 を使う).

例 6.1 伝達行列の計算

図 2.1 のシステムの伝達行列を 2 通りの方法で導いておく.このシステム

の物理的性質は式(2.8)で記述される。初期値を0としてラプラス変換すれば

$$m_1 s^2 Z_1(s) = -k_1 Z_1(s) - k_2\{Z_1(s) - Z_2(s)\} \tag{6.3}$$

$$m_2 s^2 Z_2(s) = k_2\{Z_1(s) - Z_2(s)\} + U(s) \tag{6.4}$$

を得る。出力は z_1 であるから

$$Y(s) = Z_1(s) \tag{6.5}$$

が成立する。以上の方程式から $Z_1(s), Z_2(s)$ を消去すれば

$$Y(s) = G(s) U(s) \tag{6.6}$$

$$G(s) = \frac{k_2}{m_1 m_2 s^4 + (k_2 m_1 + k_1 m_2 + k_2 m_2)s^2 + k_1 k_2} \tag{6.7}$$

が得られる。

一方,例2.4で示したように,状態方程式の係数行列(2.7)について式(6.2)の右辺を計算すれば,式(2.53)の答えが得られる。式(2.53)の $a_1 \sim a_3$, b に式(2.6)を代入すれば,式(6.7)と一致することが確認できる。

特徴的な状態方程式(スカラー系)の伝達関数を計算しておく。

例6.2　1　次　系

1次の状態方程式

$$\frac{dx}{dt} = -ax + bu, \quad y = cx \tag{6.8}$$

で表されるシステムの伝達関数は,次式で与えられる。

$$G(s) = \frac{bc}{s+a} \tag{6.9}$$

例6.3　2　次　系

2次の状態方程式

$$\frac{dx}{dt} = \begin{bmatrix} -\alpha & -\beta_1 \\ \beta_2 & -\alpha \end{bmatrix} x + \begin{bmatrix} b_1 \\ b_2 \end{bmatrix} u, \quad y = [\, c_1 \quad c_2 \,] x \tag{6.10}$$

で表されるシステムの伝達関数は,次式で与えられる。

$$G(s) = \frac{(b_1 c_1 + b_2 c_2)(s+\alpha) + b_1 c_2 \beta_2 - b_2 c_1 \beta_1}{(s+\alpha)^2 + \beta_1 \beta_2} \tag{6.11}$$

例 6.4 3 次系

3次の状態方程式

$$\frac{dx}{dt} = \begin{bmatrix} -a & 1 & 0 \\ 0 & -a & 1 \\ 0 & 0 & -a \end{bmatrix} x + \begin{bmatrix} b_1 \\ b_2 \\ b_3 \end{bmatrix} u, \quad y = [\, c_1 \;\; c_2 \;\; c_3 \,] \tag{6.12}$$

で表されるシステムの伝達関数は，次式で与えられる。

$$G(s) = \frac{b_3 c_1}{(s+a)^3} + \frac{b_2 c_1 + b_3 c_2}{(s+a)^2} + \frac{b_1 c_1 + b_2 c_2 + b_3 c_3}{s+a} \tag{6.13}$$

例 6.5 可制御正準形

n 次の状態方程式で，行列 A_c, B_c, C_c が

$$A_c = \begin{bmatrix} 0 & 1 & 0 & \cdots & 0 \\ 0 & 0 & 1 & \cdots & 0 \\ \vdots & \vdots & \vdots & & \vdots \\ 0 & 0 & 0 & \cdots & 1 \\ -a_0 & -a_1 & -a_2 & \cdots & -a_{n-1} \end{bmatrix}, \quad B_c = \begin{bmatrix} 0 \\ 0 \\ \vdots \\ 0 \\ 1 \end{bmatrix}$$

$$C_c = [\, b_1 \;\; b_2 \;\; b_3 \;\; \cdots \;\; b_n \,], \quad D = d \tag{6.14}$$

の形である場合，可制御正準形という。伝達関数は，次式で与えられる。

$$G(s) = \frac{b_n s^{n-1} + \cdots + b_3 s^2 + b_2 s + b_1}{s^n + a_{n-1} s^{n-1} + \cdots + a_2 s^2 + a_1 s + a_0} + d \tag{6.15}$$

例 6.6 可観測正準形

n 次の状態方程式で，行列 A_0, B_0, C_0 が

$$A_0 = \begin{bmatrix} 0 & 0 & \cdots & 0 & -a_0 \\ 1 & 0 & \cdots & 0 & -a_1 \\ \vdots & \vdots & & \vdots & \vdots \\ 0 & 0 & \cdots & 1 & -a_{n-1} \end{bmatrix}, \quad B_0 = \begin{bmatrix} b_1 \\ b_2 \\ \vdots \\ b_n \end{bmatrix}$$

$$C_0 = [\, 0 \;\; 0 \;\; \cdots \;\; 0 \;\; 1 \,], \quad D = d \tag{6.16}$$

の形である場合，可観測正準形という。伝達関数は，例 6.5 と同じく式 (6.15) で与えられる。

　以上の例は，すべて伝達関数が s の多項式の比（有理式）で表されるものであった。しかし，熱系や柔軟物体の変形などに関するシステムの伝達関数は有

理式になるとは限らない．つぎの時間遅れ要素は，特に重要である．

例 6.7 時間遅れ要素

入力 $u(t)$ に対して出力 $y(t)$ が時間 T_L だけ遅れ，入出力関係が

$$y(t) = u(t - T_L) \tag{6.17}$$

で表されるシステムを時間遅れ要素と呼ぶ．時間遅れ要素の伝達関数は

$$G(s) = e^{-T_L s} \tag{6.18}$$

である（問題(2)）．

6.2 伝達関数の最小実現

6.1 節とは逆に，伝達関数から状態方程式を求めることを伝達関数の状態実現という．例えば，式(6.9)が与えられたとき，式(6.8)はその状態実現である．ただし，状態実現はひとつとは限らない．例えば，$\alpha\,(\neq 0)$ および β を任意の実数とするとき

$$\dot{x} = -ax + \alpha b u, \quad y = \frac{c}{\alpha} x$$

および

$$\frac{d}{dt}\begin{bmatrix} x_1 \\ x_2 \end{bmatrix} = \begin{bmatrix} -a & 0 \\ 0 & -\beta \end{bmatrix}\begin{bmatrix} x_1 \\ x_2 \end{bmatrix} + \begin{bmatrix} b \\ 0 \end{bmatrix} u, \quad y = \begin{bmatrix} c & 0 \end{bmatrix}\begin{bmatrix} x_1 \\ x_2 \end{bmatrix}$$

は，すべて式(6.9)の状態実現である．すなわち，ひとつの伝達関数に対してその状態実現は無数にある．それらのうち，状態の次元が最小のものを最小実現という．

一般の 1 入力 1 出力系の伝達関数(6.15)の最小実現に関する基本的な性質を定理としてまとめておこう．以下では，式(6.15)に関して $d=0$，かつ分母，分子は共通の零点をもたない，すなわち，既約であると仮定する．

【定理 6.1】 1 入力 1 出力伝達関数の最小実現

① 式(6.15)の伝達関数 $G(s)$ の状態実現のひとつが

$$\dot{x} = Ax + Bu, \quad y = Cx \tag{6.19}$$

であるとき，それと等価なシステム

$$\dot{\tilde{x}} = T^{-1}AT\tilde{x} + T^{-1}Bu, \quad y = CT\tilde{x}$$

は，すべて $G(s)$ の状態実現である。

② 式(6.19)が $G(s)$ の最小実現であるための必要十分条件は，式(6.19)が可制御かつ可観測であることである。

③ 最小実現の次数は n である。

④ 式(6.14)，(6.16)は最小実現である。 ♠

証明はすべて章末の問題とする。

6.3 伝達関数の入出力応答

インパルス入力 $u_I(t)$ やステップ入力 $u_S(t)$ に対するシステムの応答を，それぞれインパルス応答およびステップ応答という。$u_I(t)$, $u_S(t)$ のラプラス変換は

$$\mathcal{L}[u_I(t)] = 1, \quad \mathcal{L}[u_S(t)] = \frac{1}{s}$$

であるので，伝達関数が $G(s)$ であるシステムのインパルス応答 $y_I(t)$ およびステップ応答 $y_S(t)$ はそれぞれ

$$y_I(t) = \mathcal{L}^{-1}[G(s)], \quad y_S(t) = \mathcal{L}^{-1}\left[G(s)\frac{1}{s}\right]$$

によって計算できる。

代表的な伝達関数のインパルス応答やステップ応答の形を知っておくことは，制御系の解析や設計を行うとき重要である。以下では，1次系と2次系の場合の応答を示しておく。

例 6.8 1次系のインパルス応答とステップ応答

伝達関数

$$G(s) = \frac{K}{Ts+1} \tag{6.20}$$

で表されるシステムを **1次遅れ系** という。K はゲイン，$T(>0)$ は **時定数** と呼

ばれる。1次遅れ系のインパルス応答，ステップ応答はそれぞれ

$$y_I(t) = \mathcal{L}^{-1}\left(\frac{K}{Ts+1}\right) = \frac{K}{T}e^{-t/T} \qquad (t \geq 0)$$

$$y_S(t) = \mathcal{L}^{-1}\left(\frac{K}{Ts+1}\frac{1}{s}\right) = \mathcal{L}^{-1}\left[K\left(\frac{1}{s} - \frac{T}{Ts+1}\right)\right] = K(1-e^{-t/T}) \qquad (t \geq 0)$$

(6.21)

で与えられる。

図6.1に示すとおり，ステップ応答は時間が経つと一定値Kに収束する。時定数Tは$t=0$における接線が最終値Kと交差する値，あるいはステップ応答の最終値の約63%の値に到達する時間に等しい。したがって，Tが小さいほど応答は速い。

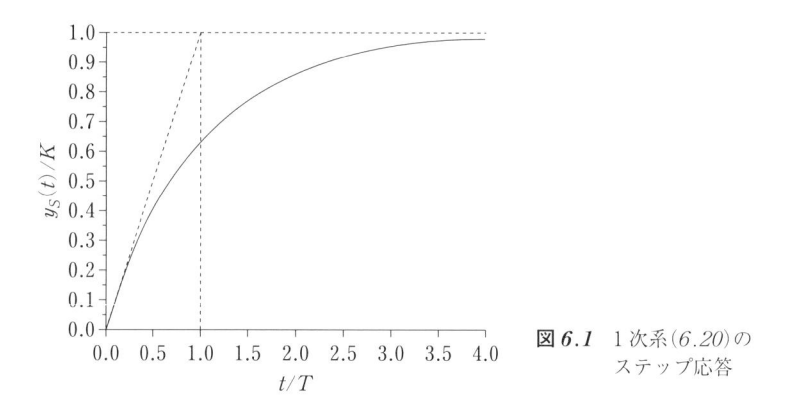

図6.1 1次系(6.20)のステップ応答

例6.9 2次系のステップ応答

2次の伝達関数を

$$G(s) = \frac{\omega_n^2}{s^2 + 2\zeta\omega_n s + \omega_n^2} \qquad (6.22)$$

で表すとき，定数ω_nおよびζを，それぞれ固有角周波数および減衰係数という。伝達関数(6.22)のインパルス応答，ステップ応答は，伝達関数の極が① 相異なる実数であるか，② 実数の重根であるか，③ 複素数であるかによって大きく異なる。①の場合には出力は時間の指数関数だけの和であるが，②の場合には指数関数と時間tの積，③の場合には複素極に対応するsin, cosの振

動成分が含まれる。以下にステップ応答関数 $y_S(t)$ を具体的に示そう。

① 相異なる実数極の場合（$1<\zeta$）

$$y_S(t)=1-\frac{1}{2\sqrt{\zeta^2-1}}\{(\zeta+\sqrt{\zeta^2-1})e^{s_1t}-(\zeta-\sqrt{\zeta^2-1})e^{s_2t}\} \quad (6.23)$$

ただし，s_1, s_2 は相異なる実数極を表し，次式で与えられる。

$$s_1=(-\zeta+\sqrt{\zeta^2-1})\omega_n, \quad s_2=(-\zeta-\sqrt{\zeta^2-1})\omega_n$$

② 実数の重極の場合（$\zeta=1$）

$$y_S(t)=1-(1+\omega_n t)e^{-\omega_n t} \quad (6.24)$$

③ 複素極の場合（$\zeta>1$）

$$y_S(t)=1-\frac{e^{-\zeta\omega_n t}}{\sqrt{1-\zeta^2}}\sin(\omega_n\sqrt{1-\zeta^2}\,t+\theta) \quad (6.25)$$

ただし

$$\theta=\tan^{-1}\frac{\sqrt{1-\zeta^2}}{\zeta}$$

である。

図 6.2 に ζ の値を変えたときのステップ応答の変化を示す。ζ が 1 よりも小さな値になるにつれて，振動的な波形になることがわかる。また，時間軸（横軸は）$t\omega_n$ にとってあることに注意してほしい。したがって，出力応答は ω_n に比例して速くなる。例えば，ω_n が 2 倍になると応答速度は 2 倍になる。

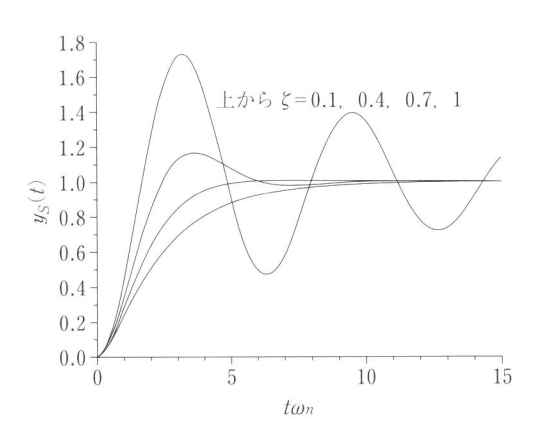

図 6.2 2 次系 (6.22) のステップ応答

6.4 ブロック線図

制御系は一般にいくつかのサブシステムから構成される。例えば、典型的なフィードバック制御系は制御対象とコントローラの2つのサブシステムで構成される。ブロック線図は、これらサブシステムの接続関係と信号の出入りの関係を図的に表現するものである。

ブロック線図は、以下の4種類の基本要素から構成される。

① 矢　印：信号の伝達方向を示す。また、線の近くに伝達される信号を記入する（**図6.3**(*a*)）。

② ブロック：伝達要素を四角（ブロック）で囲んで表される。ブロック内には伝達関数を記入する。伝達関数が $G(s)$ で、入力および出力がそれぞれ $X(s)$, $Y(s)$ であるとき、それらの関係を**図6.3**(*b*)のように書く。

③ 加え合わせ点：**図6.3**(*c*)のように○印で表し、そこに入る信号に±を書くことにより信号の和や差を表現する。

④ 引出し点：信号の伝達経路の分岐を表す。**図6.3**(*d*)に示すように、分岐によっても伝達される信号は変化しない。

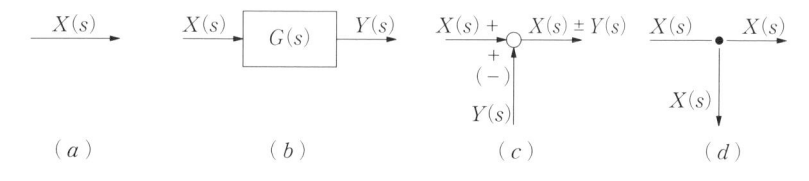

図6.3 ブロック線図の4つの基本要素

例6.10　フィードバック制御系のブロック線図

フィードバック制御系のブロック線図の例を**図6.4**に示す。$P(s)$ は制御対象の伝達関数、$Y(s)$ はその出力、$U(s)$ は入力である。また、$C(s)$ はコントローラの伝達関数で、$E(s)$ および $U(s)$ はそれぞれ $C(s)$ の入力

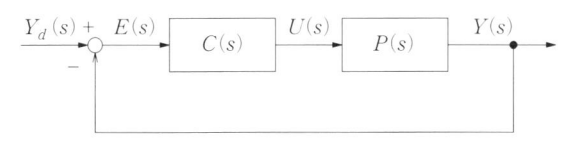

図 6.4 フィードバック制御系

と出力を表す．左端の信号 $Y_d(s)$ は制御系の目標入力を表す．図のように，制御対象の出力 $Y(s)$ はフィードバックされ，目標信号 $Y_d(s)$ と $Y(s)$ との偏差 $E(s)$ が計算される．$Y_d(s)$ と $Y(s)$ が一致しない限り $E(s)$ は零とはならないので，コントローラにより制御対象への修正信号 $U(s)$ が生成される．これがフィードバック制御の原理である．

以上の関係を式で書くと
$$Y(s)=P(s)U(s),\quad U(s)=C(s)E(s),\quad E(s)=Y_d(s)-Y(s)$$
である．これらから $E(s)$ と $U(s)$ を消去すると，目標入力 $Y_d(s)$ から制御対象の出力 $Y(s)$ までの伝達特性（閉ループ伝達特性）が得られ
$$Y(s)=\frac{P(s)C(s)}{1+P(s)C(s)}Y_d(s) \tag{6.26}$$
となる．また
$$W(s)=\frac{P(s)C(s)}{1+P(s)C(s)} \tag{6.27}$$
を，図 **6.4** のフィードバック制御系の閉ループ伝達関数という．

例 6.11 システムの基本結合

図 **6.5** の $(a)\sim(c)$ に示されるシステムの結合の形式を，それぞれ直列結合，並列結合，およびフィードバック結合という．

図 **6.5**$(a)\sim(c)$ はそれぞれひとつの伝達関数にまとめて図 **6.6**$(a)\sim(c)$ のように表される．これらはブロック線図の定義と簡単な計算によってわかるので，各自確かめられたい．

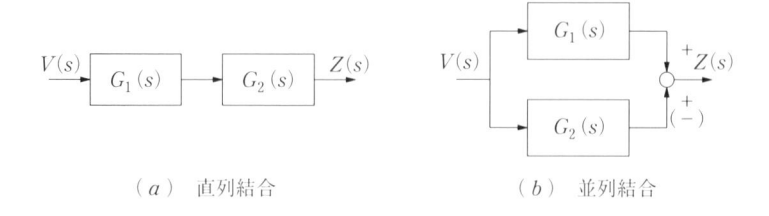

(a) 直列結合　　　　　　　*(b)* 並列結合

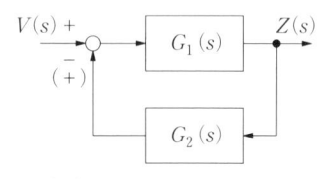

(c) フィードバック結合

図 **6.5** システムの基本結合

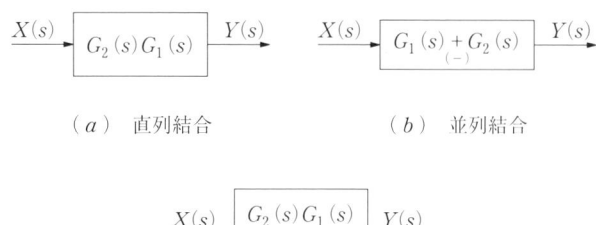

(a) 直列結合　　　　　　　*(b)* 並列結合

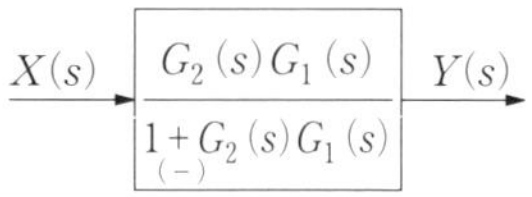

(c) フィードバック結合

図 **6.6** 基本結合系の伝達関数

6.5　ブロック線図で表されるシステムの状態空間表現

サブシステムの伝達関数 $G_i(s)$ ($i=1, \cdots, L$) の状態実現

$$\dot{x}_i = A_i x_i + B_i u_i \quad (i=1, \cdots, L) \tag{6.28a}$$

$$y_i = C_i x_i + D_i u_i \quad (i=1, \cdots, L) \tag{6.28b}$$

が既知であるとき，ブロック線図で表される全体システムの状態方程式を，これらにより表現することが必要になる場合がある．

6.5 ブロック線図で表されるシステムの状態空間表現

いま，サブシステム全体の状態変数 x，入力変数 u，出力変数 y を

$$x = \begin{bmatrix} x_1 \\ x_2 \\ \vdots \\ x_L \end{bmatrix}, \quad y = \begin{bmatrix} y_1 \\ y_2 \\ \vdots \\ y_L \end{bmatrix}, \quad u = \begin{bmatrix} u_1 \\ u_2 \\ \vdots \\ u_L \end{bmatrix}$$

で定義する．また，これらを用いて式 (6.28) をひとつの式

$$\dot{x} = Ax + Bu \tag{6.29a}$$

$$y = Cx + Du \tag{6.29b}$$

で表す．ただし，$A \sim D$ はそれぞれ

$$A = \begin{bmatrix} A_1 & 0 & \cdots & 0 \\ 0 & A_2 & \cdots & 0 \\ \vdots & \vdots & \ddots & \vdots \\ 0 & 0 & \cdots & A_L \end{bmatrix}, \quad B = \begin{bmatrix} B_1 & 0 & \cdots & 0 \\ 0 & B_2 & \cdots & 0 \\ \vdots & \vdots & \ddots & \vdots \\ 0 & 0 & \cdots & B_L \end{bmatrix}$$

$$C = \begin{bmatrix} C_1 & 0 & \cdots & 0 \\ 0 & C_2 & \cdots & 0 \\ \vdots & \vdots & \ddots & \vdots \\ 0 & 0 & \cdots & C_L \end{bmatrix}, \quad D = \begin{bmatrix} D_1 & 0 & \cdots & 0 \\ 0 & D_2 & \cdots & 0 \\ \vdots & \vdots & \ddots & \vdots \\ 0 & 0 & \cdots & D_L \end{bmatrix}$$

である．

つぎに，システムの外部への出力変数を z として，サブシステム間およびサブシステムと外部変数の間の接続関係を

$$u = Ky + Lv \tag{6.30a}$$

$$z = My + Nv \tag{6.30b}$$

の形で表す．式 (6.30a) を式 (6.29b) に代入することにより，y は

$$y = (I - DK)^{-1}(Cx + DLv) \tag{6.31}$$

となる．さらに，これを式 (6.30a) と式 (6.29a) に順々に代入することにより，全体システムの状態方程式は

$$\dot{x} = \{A + BK(I - DK)^{-1}C\}x + B\{I + K(I - DK)^{-1}D\}Lv \tag{6.32}$$

となる．また，出力方程式は式 (6.30b)，(6.31) より

$$z = M(I - DK)^{-1}Cx + \{N + M(I - DK)^{-1}DL\}v \tag{6.33}$$

と書ける。

例 6.12 直列結合系の状態方程式

図 6.5 の (a) 直列結合系の場合，図の関係から

$$u_1 = v, \quad u_2 = y_1, \quad z = y_2$$

なので（簡単のため，G_1, G_2 は 1 入力 1 出力であり，$D_1 = d_1, D_2 = d_2$ とする）

$$K = \begin{bmatrix} 0 & 0 \\ 1 & 0 \end{bmatrix}, \quad L = \begin{bmatrix} 1 \\ 0 \end{bmatrix}, \quad M = [\, 0 \quad 1 \,], \quad N = 0$$

である。したがって，式 (6.32)，(6.33) より直列結合系の状態方程式は

$$\dot{x} = \begin{bmatrix} A_1 & 0 \\ B_2 C_1 & A_2 \end{bmatrix} x + \begin{bmatrix} B_1 \\ B_2 d_1 \end{bmatrix} v, \quad z = [\, d_2 C_1 \quad C_2 \,] x + d_2 d_1 v \qquad (6.34)$$

となる。ただし，このような簡単な例では公式 (6.32)，(6.33) を用いないで，図の関係を直接書き下したほうが導出は容易である。

図 (b)，(c) についても結果だけ書き下せば

$$図(b): \dot{x} = \begin{bmatrix} A_1 & 0 \\ 0 & A_2 \end{bmatrix} x + \begin{bmatrix} B_1 \\ B_2 \end{bmatrix} v, \quad z = [\, C_1 \quad C_2 \,] x + (d_2 + d_1) v \qquad (6.35)$$

$$図(c): \dot{x} = \begin{bmatrix} A_1 & -B_1 C_2 \\ B_2 C_1 & A_2 \end{bmatrix} x + \begin{bmatrix} B_1 \\ 0 \end{bmatrix} v, \quad z = C_1 x \qquad (6.36)$$

となる。ただし，簡単のため，図 (c) では $d_1 = d_2 = 0$ と仮定した。

6.6 システム結合と可制御・可観測性

部分システムが可制御，可観測であっても，結合したシステムが可制御，可観測であるとは限らない。

例 6.13 倒立振子系の可制御性

図 6.7(a) に示すように，1 本の棒が台上の支持点回りを自由に回転できるように取り付けられている（倒立振子）。このとき，台を水平に前後左右に動かすことにより棒を垂直に立てることができることは，経験から知っている。これに対し，図 (b) のように棒が 2 本ある場合はどうか。2 本の棒のサイズ，

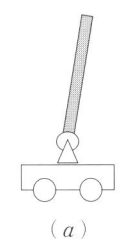

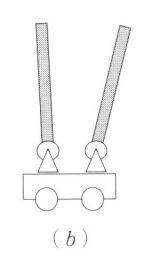

図 6.7 倒立振子系
（a）　　　（b）

質量などがまったく同一の場合には不可であることは直感的に明らかである。一方，2本が違う棒の場合には一般的には両方を同時に立てることが可能である。制御系の立場では，2本の棒よりなる系は単一振子系の並列システムと見なすことができる。本例は，部分システム（単一振子系）が可制御であっても，それらの並列システム（2振子系）は必ずしも可制御にならないことがあることを示している。

さて，このような問題を図 6.5 の 3 種類の基本結合システムに関して調べることにしよう。以下では，伝達関数 G_1, G_2 の分母・分子表現を

$$G_1(s)=\frac{n_1(s)}{d_1(s)}, \quad G_2(s)=\frac{n_2(s)}{d_2(s)} \tag{6.37}$$

で表す。また，それらの可制御・可観測な状態実現は式(6.28)で与えられていると仮定する。このとき，それらの直列結合系(6.34)，並列結合系(6.35)およびフィードバック結合系(6.36)が，それぞれ可制御・可観測である条件は，以下の定理 6.2 で与えられる。

【定理 6.2】 基本結合系の可制御・可観測条件

① **直列結合系**（図 6.5(a)）：直列結合系の状態方程式(6.34)が可制御・可観測であるための必要十分条件は，$d_1(s)$ と $n_2(s)$，$d_2(s)$ と $n_1(s)$ が，それぞれ共通因子をもたないことである（$d_1(s)$ と $n_2(s)$ が共通因子をもつ場合には直列結合系は非可観測，$d_2(s)$ と $n_1(s)$ が共通因子をもつ場合には非可制御である）。

② **並列結合系**（図 6.5(b)）：並列結合系の状態方程式(6.35)が可制御・可観測であるための必要十分条件は，$d_1(s)$ と $d_2(s)$ が共通因子をもたな

いことである（$d_1(s)$ と $d_2(s)$ が共通因子をもてば，並列結合系は可制御でも可観測でもない）。

③ **フィードバック結合系**（**図6.5**(c)）：フィードバック結合系の状態方程式(6.36)が可制御・可観測であるための必要十分条件は，$d_2(s)$ と $n_1(s)$ が共通因子をもたないことである（$d_2(s)$ と $n_1(s)$ が共通因子をもつ場合，フィードバック結合系は可制御でも可観測でもない）。 ♠

括弧でくくった部分以外の証明は，**定理6.2**を用いて行うことができる。証明はすべて章末の問題とする。

問　　題

（1）式(6.7)を確認せよ。
（2）式(6.15)を確認せよ。
（3）式(6.17)の時間遅れシステムの伝達関数をラプラス変換の定義から求めよ。
（4）**図6.5**(c)のフィードバック結合系の状態方程式は式(6.36)で与えられることを確かめよ。
（5）**定理6.1**を証明せよ。
（6）**定理6.2**の内容を簡単な例により示せ。また，括弧部分以外の証明を与えよ。

7 極配置法によるレギュレータの設計と追従制御系

フィードバック制御系には,電圧や物質の濃度など状態量を一定値に保つことを目的にするレギュレータと,機械系の位置や速度を時間変化する目標値に追従させることを目的にするサーボ系(追従制御系)がある。本章では,はじめにレギュレータの設計法のひとつである状態フィードバックによる極配置法について解説する。また,この双対の結果により,システムの入出力観測データから内部状態を推定するオブザーバを導き,オブザーバを用いた出力フィードバック制御系について解説する。さらに,追従制御系の定常特性の解析の方法および内部モデル原理について述べる。

7.1 状態フィードバックによる極配置

システムの状態を一定の目標状態(基準状態)に保持する制御系のことをレギュレータという†。いま,基準状態を中心にしてその近傍で制御対象は

$$\dot{x}(t) = Ax(t) + Bu(t) \tag{7.1}$$

$$y(t) = Cx(t) \tag{7.2}$$

により与えられるものとする。$x(t)$, $u(t)$ はそれぞれ状態変数および入力変数の基準状態からの変位を表す。したがって $x(t)=0$, $u(t)=0$ は基準状態に対応する。本節では,システムの内部状態はすべて直接的に観測できる場合を考え,$C=I$ とする。

さて,レギュレーションの目的は,システムの状態が外乱などの影響で基準

---

† 空調系で室内の温度や湿度を一定値に保ったり,化学プロセスの温度,pH 値,物質の混合比などを一定に保持したりすることをいう。

状態 $x(t)=0$ からずれたときに，自動的に基準状態に引き戻すこと，すなわち
$$x(t),\quad u(t)\to 0\quad (t\to\infty)$$
となるように制御入力 $u(t)$ を決めることである。このような目的を達成する制御入力として
$$u(t)=Kx(t) \qquad (7.3)$$
で表されるものを考える。K は定数行列でゲイン行列と呼ばれる。式(7.3)は時々刻々制御対象の状態変数 $x(t)$ を観測し，その観測結果と K の積を計算して制御対象への入力とすることを表し，このような制御は状態フィードバック制御と呼ばれる（**図7.1**）。

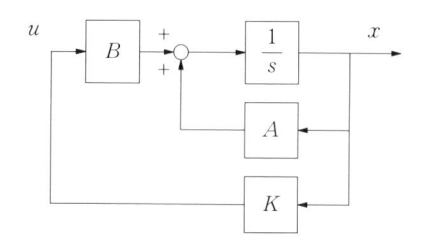

図7.1 状態フィードバック制御

式(7.3)を式(7.1)に代入することにより，閉ループ制御系の状態方程式は
$$\dot{x}(t)=(A+BK)x(t) \qquad (7.4)$$
となる。したがって，$x(t)$ は
$$x(t)=e^{(A+BK)t}x(0)$$
に従う。このとき，行列の指数関数 $e^{(A+BK)t}$ は，行列 $A+BK$ の固有値 $\lambda_i(i=1,\cdots,n)$ により，$e^{\lambda_i t}$ の線形和として表されるので（**2.4**節参照），もし K を選ぶことにより $\lambda_1,\cdots,\lambda_n$ の値を任意に設定することができれば，制御系を安定化したり，状態 $x(t)$ の 0 への収束速度を目的に応じて自由に変化させたりすることができる。つぎに示す定理 7.1 はこの固有値の設定可能性について述べたもので，状態空間論の基本定理のひとつである。

行列 $A+BK$ の固有値を与える方程式
$$|\lambda I-(A+BK)|=0 \qquad (7.5)$$
を**閉ループ特性方程式**という。また，$A+BK$ の固有値は閉ループ伝達関数

$C(sI-A-BK)^{-1}B$ の極であるから,これらを**閉ループ極**ということがある。$\lambda_1, \cdots, \lambda_n$ の配置を変えることを極配置といっているのは,この理由による。

【定理 7.1】 任意に極配置ができる条件

以下の2条件は等価である。

① (A, B) は可制御である。

② 任意の n 個の複素共役な複素数の組[†] $\Lambda = \{\lambda_1, \cdots, \lambda_n\}$ に対して, $A+BK$ の固有値集合が Λ と一致するよう K を選ぶことができる。 ♠

以下,ゲイン行列の計算法を与えることにしよう。

最初に (A, B) が可制御でないとする。このとき 6 章の問題(5)に対する解答中の【補題 6.1】より,A の固有値 μ で

$$\mathrm{rank}[A-\mu I \quad B] < n$$

となるものがある。したがって,任意の K に対して

$$\mathrm{rank}[(A+BK)-\mu I \quad B] = \mathrm{rank}[A-\mu I \quad B] < n$$

となり,これから $\mathrm{rank}[(A+BK)-\mu I] < n$,すなわち $\det(\mu I - A - BK) = 0$ となる。すなわち,μ は K の選び方に関係なく,つねに $A+BK$ の固有値であり,これを変えることはできない。

つぎに,(A, B) は可制御と仮定して,K をどのように選べばよいか説明しよう。

〔1〕 **極指定アルゴリズム (1) ― 正準形による方法**

ここでは,簡単のためシステムは1入力とする。このとき,システム(7.1)は正則変換 $z = T^{-1}x$ によって

$$\dot{z} = T^{-1}ATz + T^{-1}Bu = \widehat{A}z + \widehat{B}u \tag{7.6}$$

$$\widehat{A} = \begin{bmatrix} 0 & 1 & 0 & \cdots & 0 \\ 0 & 0 & 1 & \cdots & 0 \\ \vdots & \vdots & & \ddots & \vdots \\ 0 & 0 & & & 1 \\ -a_0 & -a_1 & \cdots & & -a_{n-1} \end{bmatrix}, \quad \widehat{B} = \begin{bmatrix} 0 \\ 0 \\ \vdots \\ 0 \\ 1 \end{bmatrix}$$

[†] $\lambda \in \Lambda$ のとき,$\bar{\lambda} \in \Lambda$。

の可制御正準形に変換できる（問題（1））。可制御正準形に対して，状態フィードバック

$$u = \widehat{K}z = [\widehat{k}_0 \ \widehat{k}_1 \ \cdots \ \widehat{k}_{n-1}]z \tag{7.7}$$

を行うと，$(\widehat{A}, \widehat{B})$ の構造から

$$|\lambda I - (\widehat{A} + \widehat{B}\widehat{K})| = \lambda^n + (a_{n-1} - \widehat{k}_{n-1})\lambda^{n-1} + (a_{n-2} - \widehat{k}_{n-2})\lambda^{n-2} + \cdots$$
$$+ (a_0 - \widehat{k}_0) \tag{7.8}$$

であることが容易にわかる．すなわち，閉ループ特性方程式は，最高次の係数（=1）以外のすべての係数は $\widehat{k}_0, \widehat{k}_1, \cdots, \widehat{k}_{n-1}$ を選んで任意に変えられる．したがって，任意の複素共役な複素数の集合 Λ に対して，$\widehat{A} + \widehat{B}\widehat{K}$ の固有値の集合が Λ に一致するよう $\widehat{K}$ を選ぶことができる．式(7.7)の入力 u をもとのシステム(7.1)に対するものに変換するには

$$u = \widehat{K}z = \widehat{K}T^{-1}x \tag{7.9}$$

とすればよい．このとき

$$|\lambda I - (\widehat{A} + \widehat{B}\widehat{K})| = |\lambda I - (T^{-1}AT + T^{-1}BKT)| = |\lambda I - (A + BK)|$$

であるので，$A + BK$ の固有値は $\widehat{A} + \widehat{B}\widehat{K}$ と同じである．

上記以外にも K の計算法はいくつか知られている．以下では比較的計算が簡単な2つの手法を紹介する．

(A, B) は可制御，設定したい複素共役な複素数の組を $\Lambda = \{\lambda_1, \cdots, \lambda_n\}$ とする．

〔2〕 **極指定アルゴリズム（2）— 正準形によらない場合**

① 入力行列 $B = [b_1 \ \cdots \ b_n]^T$ が，ただひとつのだけ非零要素をもつように状態の正則変換 $z = T^{-1}x$ を行う．例えば，b_n が非零なら

$$T^{-1} = \begin{bmatrix} 1 & 0 & \cdots & -b_1/b_n \\ 0 & 1 & 0 & -b_2/b_n \\ \vdots & \vdots & \ddots & \vdots \\ 0 & 0 & \cdots & 1 \end{bmatrix}$$

とおけばよい．

② $T^{-1}AT=\widehat{A}$, $\widehat{B}=T^{-1}B$ とする。

③ $(\lambda-\lambda_1)(\lambda-\lambda_2)\cdots(\lambda-\lambda_n)=\lambda^n+c_{n-1}\lambda^{n-1}+\cdots+c_1\lambda+c_0$

とおく。

④ $\widehat{K}$ を式(7.7)のように定め，これを

$$|\lambda I-(\widehat{A}+\widehat{B}\widehat{K})|=\lambda^n+c_{n-1}\lambda^{n-1}+\cdots+c_1\lambda+c_0$$

の左辺に代入し，係数を比較すれば，$\widehat{k}_0, \widehat{k}_1, \cdots, \widehat{k}_{n-1}$ に関する連立方程式を得る。このとき，Bの非零要素が唯一であることから，この連立方程式は $\widehat{k}_0, \widehat{k}_1, \cdots, \widehat{k}_{n-1}$ に関しての1次方程式になる。

⑤ 1次方程式を解き，$\widehat{K}$ を求める。最後に $K=\widehat{K}T^{-1}$ とおく。

〔3〕 **極指定アルゴリズム（3）— 疋田・木村の方法**

① $m (=\dim u)$ 次ベクトル η_i を適当に決め

$$\xi_i=(\lambda_i I-A)^{-1}B\eta_i \qquad (7.10)$$

とおく $(i=1, \cdots, n)$ （指定する閉ループ極 λ_i は，A の極と異なったものでなければならない）。

② $K=[\eta_1 \ \cdots \ \eta_n][\xi_1 \ \cdots \ \xi_n]^{-1} \qquad (7.11)$

とおく。このとき，もし $[\xi_1 \ \cdots \ \xi_n]$ が正則でないなら，①に戻って η_i を変え，同じことを行う（(A, B) が可制御であるとき，ほとんど，どのように η_i を決めても，この行列は正則になることが証明できる）。

7.2 オブザーバ

7.1節では，入力 $u(t)$ によって状態 $x(t)$ を制御する問題を考えた。本節では，これと双対な問題，すなわち，外部変数 $y(t), u(t)$ を観測し，観測結果から状態 $x(t)$ を推定する問題について考える。**7.1**節と同じく，システムは(7.1)，(7.2)で記述されるものとする。ただし，本節では内部変数 $x(t)$ は直接観測できない場合を考え，一般に $y(t)$ の次元は $x(t)$ の次元 n より小さく，したがって，行列 C は横長であると仮定する。

オブザーバの基本的な考え方は，制御対象と同じ数式モデルに推定誤差によ

る修正項を加えた方程式をつくり，これを実時間で数値的に解くことによって $x(t)$ の推定値を求めることである．すなわち，オブザーバは

$$\dot{\hat{x}}(t) = A\hat{x}(t) + Bu(t) + H(\bar{y}(t) - y(t)), \quad \bar{y}(t) = C\hat{x}(t) \quad (7.12)$$

の構造をもつ．第1式右辺の $H(\bar{y}(t)-y(t))$ が修正項であり，$\bar{y}-y$ は出力の観測値 y と，$\hat{x}(t)$ から計算される $y(t)$ の推定値 $\bar{y}$ との差を表している．H はオブザーバゲインと呼ばれ，設計者が任意に決めることができる定数行列である．$\bar{y}(t) = C\hat{x}(t)$ を第1式に代入すれば，上式はひとつにまとめて

$$\dot{\hat{x}}(t) = (A + HC)\hat{x}(t) + Bu(t) - Hy(t) \quad (7.13)$$

と書くことができる．本式で与えられるシステムを（**全状態**）**オブザーバ**と呼ぶ．式(7.13)の右辺に $u(t)$，$y(t)$ の観測値を時々刻々代入し，微分方程式を解くことにより推定値 $\hat{x}(t)$ を得ることができる．

ここで，推定誤差を調べるため，$x_e(t) = x(t) - \hat{x}(t)$ とおこう．このとき，式(7.1)から式(7.13)を辺々引き算すると

$$\dot{x}_e(t) = (A + HC)x_e(t) \quad (7.14)$$

となる．式(7.14)を式(7.4)と比較すると，設計者が自由に選ぶことができる行列（式(7.14)では H，式(7.4)では K）に関する積の順序が違うだけで，基本的な構造は同じであることから，つぎの結果が成立する．

(A, C) が可観測 $\Leftrightarrow$ $A+HC$ の n 個の固有値は，H によって自由に変えられる．

よって，(A, C) が可観測であるとき，H を選ぶことにより $A+HC$ の固有値は任意に変えられる．固有値の実部がすべて負になるように H を選べば，推定誤差は時間とともに0に収束する．したがって，式(7.13)の $\hat{x}(t)$ は $x(t)$ の推定値になっている．H の計算には，(A^T, C^T) に対して **7.1** 節のアルゴリズムを適用すればよい．

7.3 オブザーバを用いた出力フィードバックによる極配置

7.1 節および **7.2** 節の結果を用いると，**図7.2**の出力フィードバックによ

7.3 オブザーバを用いた出力フィードバックによる極配置

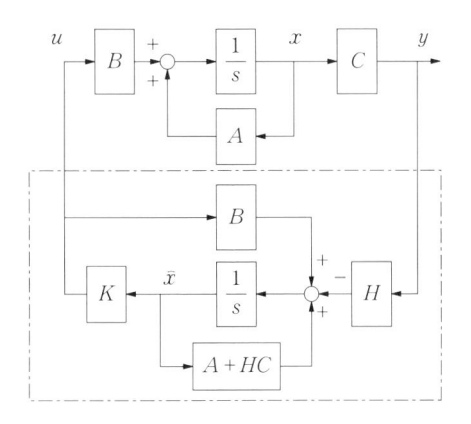

図 7.2 出力フィードバックコントローラ

るレギュレータを構成することができる。図に示されているように，状態フィードバック $u(t)=Kx(t)$ のかわりに，状態の推定値による出力フィードバック $u(t)=K\hat{x}(t)$ が用いられている。

この制御系の閉ループ特性を調べよう。制御対象とオブザーバの状態方程式は式(7.1), (7.2), (7.13)で与えられている。また，**図 7.2** の関係から

$$y(t)=Cx(t), \quad u(t)=K\hat{x}(t)$$

である。したがって，これらすべてをまとめることにより閉ループ系の状態方程式は

$$\frac{d}{dt}\begin{bmatrix} x(t) \\ \hat{x}(t) \end{bmatrix} = \begin{bmatrix} A & BK \\ -HC & A+BK+HC \end{bmatrix} \begin{bmatrix} x(t) \\ \hat{x}(t) \end{bmatrix} \quad (7.15)$$

となる。つぎに，状態変数の等価変換

$$\begin{bmatrix} x(t) \\ x_e(t) \end{bmatrix} = \begin{bmatrix} I & 0 \\ -I & I \end{bmatrix} \begin{bmatrix} x(t) \\ \hat{x}(t) \end{bmatrix}$$

を行うと，式(7.15)は等価なシステム

$$\frac{d}{dt}\begin{bmatrix} x(t) \\ x_e(t) \end{bmatrix} = \begin{bmatrix} A+BK & BK \\ 0 & A+HC \end{bmatrix} \begin{bmatrix} x(t) \\ x_e(t) \end{bmatrix} \quad (7.16)$$

に書き換えられる。ここで，$x_e(t)$ は状態変数の推定誤差 $x_e(t)=\hat{x}(t)-x(t)$ を表していることに注意されたい。

一般に等価変換を行っても行列の固有値は不変である。また，ブロック三角

行列の固有値は対角ブロック行列の固有値を合わせたものからなる。したがって、閉ループ系の極は、$A+BK$ および $A+HC$ の極からなる。よって、システム (7.1) が可制御かつ可観測であれば、オブザーバによる出力フィードバックによって、閉ループ系の $2n$ 個のすべての極を自由に希望の位置に設定することができる。

コーヒーブレイク

安定化補償器の一般形

制御系設計では系の安定化は最も基本的なテーマである。このため、制御系を安定化する補償器（**安定化補償器**）については多くの研究がある。

オブザーバを用いた制御系（**図 7.2**）で、制御対象以外のすべての部分（図中の 1 点鎖線で囲んだ部分）をひとつの補償器と考えると、これは制御対象 (7.1) に対する**安定化補償器**のひとつになっている。一方、制御対象 (7.1) を安定化する補償器には一般に無数に多くのものがあり、これら全体を統一的に表すことは非常に難しいことのように見える。しかし、補償器のクラスを時不変（係数が時間変化しない）で線形なものに限ると、じつはどのような安定化補償器も、**図**に示すようにオブザーバの出力推定値の誤差による修正項を追加し、入力 $u(t)$ を

$$u = K\hat{x} + \Phi(s)(\hat{y}-y) \tag{7.17}$$

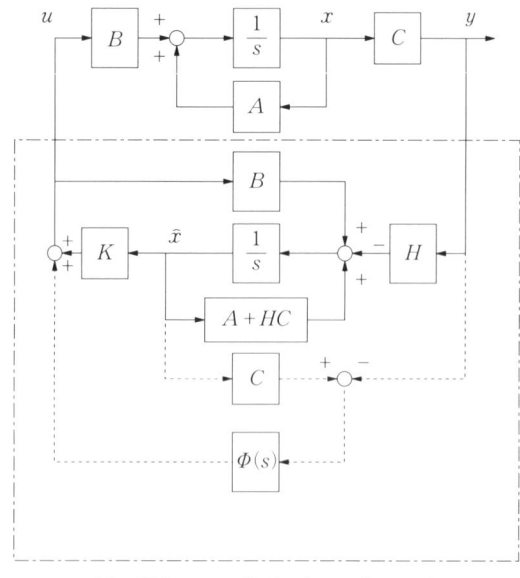

図　出力フィードバックコントローラ

とした形で表されることが知られている(記述の煩雑さを避けるため,時間関数とそのラプラス変換を混同して使っている。正確には,右辺の第2項目は伝達関数が $\Phi(s)$ であるシステムに $\bar{y}(t)-y(t)$ が加わったときの出力を表す)。$\Phi(s)$ はパラメータ行列を表し,安定でプロパー(分母次数 $\geqq$ 分子次数)な任意の伝達関数を選んでよい。この構造の補償器を用いると制御系の安定性は自動的に満たされるため,制御系設計では他の制御性能を満たすよう $\Phi(s)$ を選ぶことに集中できる。

7.4 サーボ系と内部モデル原理

制御系では,定常的な外乱のもとで,任意に時間変化する目標値 $y_d(t)$ に $y(t)$ を追従させることが必用であることがある。このような制御系を**サーボ系**(あるいは**追従制御系**)いう。一般に,目標値は単純な時間波形とは限らないが,制御系の解析や設計では,ステップ関数やランプ関数あるいは正弦波など比較的簡単な時間関数が用いられることが多い。

サーボ系はフィードバック制御系であり,最も簡単な場合のブロック線図は**図7.3**で与えられる。ここで,$P(s)$,$C(s)$ はそれぞれ制御対象とコントローラの伝達関数を表し,コントローラは,出力 $y(t)$ と目標値 $y_d(t)$ の偏差 $e(t)=y_d(t)-y(t)$ をもとに,制御対象への入力 $u(t)$ を計算し出力する。制御系は以下の条件①〜③を満たさなければならない。

① 制御系は安定化である。

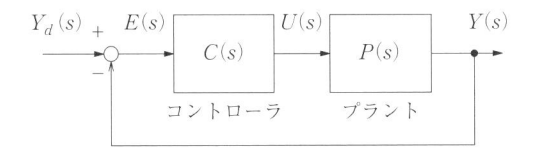

図7.3 フィードバック制御系

② 出力レギュレーションが成立する。すなわち
$$e(t)=y_d(t)-y(t) \to 0 \quad (t\to\infty)$$
でなければならない。

③ 過渡応答（応答の速さ，減衰性など）に関する設計仕様を満たす．

また，実際には，制御対象の数式モデルにはモデル誤差が含まれていたり，伝達特性が変化したりすることが避けられないので，このような原因で上の条件①〜③が変化することがないようにすべきである．制御対象に一定の変動があっても安定性が保持されるとき，制御系は**ロバスト安定**，出力レギュレーション条件②が保持されるとき，**ロバスト追従性能**を有するという．

以下では，最初に安定性条件について述べ，次いで出力レギュレーションの条件について調べる．条件③およびロバスト性に関しては，8章以降で解説する．

さて，制御対象およびコントローラの伝達関数を

$$P(s) = \frac{n_P(s)}{d_P(s)}, \quad C(s) = \frac{n_C(s)}{d_C(s)}$$

とする．図 **7.3** の関係から，追従偏差は

$$E(s) = \frac{1}{1 + P(s)C(s)} Y_d(s) = \frac{d_P(s)d_C(s)}{d_P(s)d_C(s) + n_P(s)n_C(s)} Y_d(s) \qquad (7.18)$$

で与えられる．この右辺の伝達関数の分母多項式

$$d(s) = d_P(s)d_C(s) + n_P(s)n_C(s) \qquad (7.19)$$

を**閉ループ系の特性多項式**，$d(s) = 0$ の解を**閉ループ極**という．制御系が安定である条件①は，閉ループ極の実部がすべて負であることである．

一方，②については，目標値入力がつぎの式 (7.20) に示す時間の多項式関数である場合を考える．

$$y_d(t) = \frac{t^{l-1}}{(l-1)!}, \quad Y_d(s) = \frac{1}{s^l} \quad (l = 1, 2, \cdots) \qquad (7.20)$$

式 (7.20) で，$l = 1$ は単位ステップ関数，$l = 2$ はランプ関数を表す．

時間関数の $t \to \infty$ における値を計算するとき，つぎのラプラス変換の最終値定理が有用である．

【定理 7.2】 ラプラス変換の最終値定理

時間関数 $f(t)$ のラプラス変換を $F(s)$ とする．

$$\lim_{t\to\infty} f(t) = \lim_{s\to 0} sF(s)$$

が成立する。ただし，$f(t)$ が発散して極限がない場合は意味がないので，この式を適用するためには，$sF(s)$ の極の実部はすべて負でなければならない。

♠

定理 7.2 を式 (7.18) に適用しよう。以下では開ループ伝達関数 $P(s)C(s)$ が原点に有する極の数を $L(\geq 0)$ として

$$d_P(s)d_C(s) = s^L \hat{p}(s) \qquad (\hat{p}(0) \neq 0) \tag{7.21}$$

とおく。$Y_d(s)$ は式 (7.20) で与えられている。さらに，$C(s)$ は制御系が安定になるように選ばれている。したがって，最終値定理の極に関する仮定は満たされており，$e(t)$ の定常値は

$$\lim_{t\to\infty} e(t) = \lim_{s\to 0} sE(s)$$
$$= \lim_{s\to 0} s \frac{d_P(s)d_C(s)}{d_P(s)d_C(s) + n_P(s)n_C(s)} \frac{1}{s^l} = \lim_{s\to 0} \frac{\hat{p}(s) s^{L-l+1}}{d(s)}$$
$$= \begin{cases} 0 & (l \leq L) \\ \hat{p}(0)/d(0) & (l = L+1) \\ \infty & (l \geq L+2) \end{cases} \tag{7.22}$$

と求まる。この右辺の値を**定常偏差**という。

なお，式 (7.21) により

$$P(s)C(s) = \frac{1}{s^L} \widehat{G}(s) \qquad (0 \neq \widehat{G}(0) < \infty) \tag{7.23}$$

となるので，条件 (7.21) は開ループ伝達関数が L 次の積分特性をもつことを意味している（$1/s$ は積分器の伝達関数である）。したがって，式 (7.22) は，目標値が時間 t の $l-1$ 次の多項式であるとき定常偏差が 0 となるためには，開ループ伝達関数は少なくとも l 次の積分特性をもつことが必要であることを示している。

以上の結果に基づき以下の概念が定義されている。

【定義 7.1】 システムタイプ

開ループ伝達関数 $P(s)C(s)$ が式 (7.23) の形をしているとき，図 **7.3** のフィードバック制御系は**目標値に対して L 型**の制御系であるという。

♠

さて,以上は目標値が時間の多項式である場合を説明したが,目標値が他の時間関数であっても同様な議論が適用できる。例えば,$y_d(t)$ が任意の正弦波の場合 $\left(\text{ラプラス変換は} \dfrac{\alpha s+\beta}{s^2+\omega^2}\right)$ には

$$P(s)C(s) = \frac{1}{s^2+\omega^2}\widehat{G}(s) \tag{7.24}$$

の形でなければならない。さらに,一般的に目標値が $Y_d(s)=1/\alpha(s)$ ($\alpha(s)$ の零点の実部はすべて 0 か正)である場合には

$$P(s)C(s) = \frac{1}{\alpha(s)}\widehat{G}(s) \tag{7.25}$$

でなければならないことを示すことができる。すなわち,目標値に対する定常偏差が 0 となるためには,開ループ伝達関数 $P(s)C(s)$ は目標値に関するモデルを内部に含んでいる必要がある。これは非常に一般的な原理であり,**内部モデル原理**と呼んでいる。

7.5 2自由度追従制御系

7.4 節で述べた制御系では,コントローラへの入力信号は目標値に関する偏差信号 $e(t)$ だけである。しかし,一般には偏差信号だけでなく,目標値 $y_d(t)$

コーヒーブレイク

内部モデル原理

内部モデルの必要性は何も制御系に限ったことではない。どんな仕事でもそれをうまくこなそうとすれば,仕事内容を熟知している必要がある。スポーツでも繰り返し練習することにより,身体の動きを覚え込むことが必用である。脳科学においては,1980 年代に,身体の運動モデルが小脳に内部モデルとして学習されることが実験的,理論的に研究されている。さらに最近では,小脳内部モデル仮説が,運動制御から,道具使用,思考,コミュニケーションなどの人間特有の高次認知機能に拡張できることが検討されている[20)~22)]。

も同時にわかっていることが多い．このような場合，**2自由度制御系**と呼ばれている図 *7.4* の構造の制御系を採用することができる（これに対して，**図 *7.3***の制御系を **1 自由度制御系**という）．

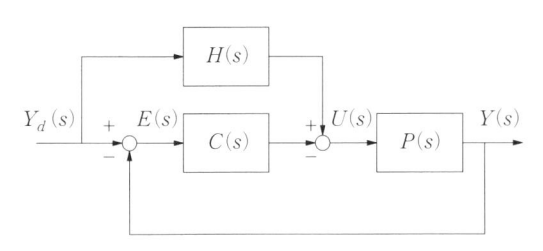

図 *7.4* 2自由度追従制御系

すなわち，2自由度制御系は2つのコントローラ $C(s)$，$H(s)$ をもつ．$C(s)$ の役割は *7.4* 節と同じである．一方，$H(s)$ は**フィードフォワードコントローラ**と呼ばれ，これにより目標値の変化に直接対応できるので，目標値への応答性能の改善が期待できる．ただし，フィードフォワードコントローラだけでは，制御対象の変動や外乱に対しては何ら修正動作がなされない．このためには $C(s)$ によるフィードバック制御が必要である．

2自由度制御系が安定であるためには，1自由度制御系の場合と同様，閉ループ特性多項式(*7.19*)のすべての零点の実部は負でなければならないが，さらに $H(s)$ 自体は安定（すべての極の実部が負）であることが必用である．

一方，定常偏差に関しては

$$E(s) = \frac{1 - P(s)H(s)}{1 + P(s)C(s)} Y_d(s) = \frac{d_C(s)\{d_P(s) - n_P(s)H(s)\}}{d_P(s)d_C(s) + n_P(s)n_C(s)} Y_d(s)$$

であるので，*7.4* 節と同様，目標値を t の多項式関数(*7.20*)であると仮定すると

$$\lim_{t \to \infty} e(t) = \lim_{s \to 0} sE(s)$$
$$= \lim_{s \to 0} \frac{d_C(s)\{d_P(s) - n_P(s)H(s)\}}{d_P(s)d_C(s) + n_P(s)n_C(s)} \frac{1}{s^{l-1}} \tag{7.26}$$

となる．よって $\lim_{t \to \infty} e(t) = 0$ であるためには，$d_C(s)\{d_P(s) - n_P(s)H(s)\}$ が s^l 以上の因子をもつ必要がある．しかし，通常は $H(0) \neq 0$ であり，かつ制御対

象の伝達関数 $P(s)=n_P(s)/d_P(s)$ のモデル誤差や変動を考えると（ロバスト追従条件），一般に $d_P(0)-n_P(0)H(0)$ は 0 とはならない。よって，$\lim_{t\to\infty} e(t)=0$ であるためには $d_C(s)$ が s^l 以上の因子をもつことが必要である。すなわち，1 自由度制御系の場合には $d_P(s)d_C(s)$ が s^l 以上の因子をもてばよかったのに対して，フィードバックコントローラ $C(s)$ 自体が l 次以上の積分特性をもつことが必要である。

問　　題

(1) (A, B) は 1 入力系で可制御であるとき，行列 A の固有方程式を
$$|sI-A|=s^n+a_{n-1}s^{n-1}+\cdots+a_1 s+a_0$$
とおき，変換行列 T を
$$T=[t_1 \cdots t_n]$$
$$t_n=B, \quad t_k=a_k t_n+A t_{k+1} \quad (k=n-1, n-2, \cdots, 1)$$
で定義する。
  ① T は正則であることを証明せよ。
  ② $\widehat{A}=T^{-1}AT$, $\widehat{B}=T^{-1}B$ とするとき，$(\widehat{A}, \widehat{B})$ は可制御正準形であることを証明せよ。

(2) $A=\begin{bmatrix} 3 & -1 \\ 1 & 1 \end{bmatrix}$, $B=\begin{bmatrix} 2 \\ 1 \end{bmatrix}$, $C=[\,1\ \ 1\,]$ であるとき，可制御正準形による方法，および極指定アルゴリズム 2，3 による方法の 3 通りのやり方で閉ループ極が $\{-1, -2\}$ となるよう，状態フィードバックゲイン K を求めよ。

(3) (A, B, C) は前問（2）のとおりとする。オブザーバを求めよ。ただし，オブザーバの極は $\{-1, -1\}$ とする。

(4) 前問（2）の制御対象 (A, B, C) に対する，出力フィードバック安定化コントローラを設計せよ。

(5) 図 **7.3** の 1 自由度フィードバック制御系で
$$P(s)=\frac{1}{s+1}, \quad C(s)=\frac{2s+1}{s^2+1}$$
であるとき，正弦波目標値
$$y_d(t)=A\sin(t+\phi)$$
に対して，定常偏差は 0 になることを確かめよ。ただし，A, ϕ は任意の定数である。

8 2次形式評価に基づく最適制御系設計

制御系の制御性能を評価関数によって表現し,この評価量を最小化あるいは最大化するように制御入力を決定する設計法を最適制御系設計という。本章では,7章で述べたレギュレータと追従制御系を最適設計の立場から検討する。

8.1 最適レギュレータシステム

制御対象の状態方程式が

$$\dot{x}(t) = Ax(t) + Bu(t) \tag{8.1}$$

$$y(t) = Cx(t) \tag{8.2}$$

で表されるとき,評価関数

$$J(u) = \int_0^\infty \{x^T(t)Qx(t) + u^T(t)Ru(t)\}dt \tag{8.3}$$

を最小にする最適入力 $u(t)$ を求める問題を,**最適レギュレータ問題**という。入出力の次元は,多入出力系でも1入出力系でも取扱いはほぼ同じなので,以下では

$$\dim x = n, \quad \dim y = p, \quad \dim u = m$$

とする。評価関数のなかの $u^T(t)Ru(t)$, $x^T(t)Qx(t)$ は行列の2次形式で,u や x の要素の2乗和 $\sum x_i^2$, $\sum u_i^2$ を一般化した表現である。Q, R は

(A1) Q は半正定な対称行列,R は正定な対称行列を表している。

このとき $\int u^T(t)Ru(t)dt$, $\int x^T(t)Qx(t)dt$ は,$x(t)$, $u(t)$ の基準状態 $x=0$, $u=0$ からのずれの大きさを表すひとつの尺度であり,J の最小化は,システムの基準状態からのずれを小さくすることに相当する。

例 8.1 正定行列と半正定行列

$$Q = \begin{bmatrix} 1 & 1 \\ 1 & 2 \end{bmatrix}$$

は正定行列である。一方

$$Q = \begin{bmatrix} 1 & 0 \\ 0 & 0 \end{bmatrix}, \quad \begin{bmatrix} 1 & 2 \\ 2 & 4 \end{bmatrix}$$

などは半正定行列である。

例 8.2 出力による評価

出力行列 C を用いて

$$Q = C^T Q_y C, \quad Q_y = \mathrm{diag}\{q_1, q_2, \cdots, q_p\} \qquad (q_i \geq 0, \quad i=1, \cdots, q)$$

とすると

$$x^T(t)Qx(t) = q_1 y_1^2(t) + q_2 y_2^2(t) + \cdots + q_p y_p^2(t)$$

となり，Q は一般に半正定である。評価関数 J において，Q を上のように選び，係数 q_i を大きくすると（他の係数はそのままにして），最適解では相対的に $\int_0^\infty y_i^2(t)dt$ の値を小さくすることになる。この結果，y_i の 0 への収束は通常は他の変数よりも速められる。

Q の要素と R の要素の相対的な大小関係を調整することも同様な意味をもつ。例えば，Q は固定し，$R = \rho I (\rho > 0)$ として ρ を大きくすると，結果的に $\int_0^\infty u^T(t)Ru(t)dt$ の値が小さくなり，$x(t)$ の収束が遅くなる。

以下では，最適解が唯一に決められるための条件として以下の仮定を設ける。

(A2) (A, B) は可制御

(A3) (Q, A) は可観測

最適解の導出および最適制御系の解析においては，リカッチ方程式と呼ばれるつぎの行列方程式 (8.4) が非常に重要である。

$$A^T P + PA - PBR^{-1}B^T P + Q = 0 \qquad (8.4)$$

ここで，P は実対称な未知行列を表す[†1]。リカッチ方程式に関してつぎの結

8.1 最適レギュレータシステム

果（補題8.1）が知られている。

【補題8.1】 リカッチ方程式の正定解

仮定(A1)〜(A3)が満たされるとき，リカッチ方程式(8.4)は唯一の実対称な正定解 P をもつ。また，この P により，$A-BR^{-1}B^TP$ はフルビッツ行列である。

安定性に関する部分の証明は，式(8.4)をつぎのように書き換えるとすぐにわかる。

$$(A-BR^{-1}B^TP)^TP+P(A-BR^{-1}B^TP)=-PBR^{-1}B^TP-Q\leq 0$$

ここで，$(PBR^{-1}B^TP+Q, A-BR^{-1}B^TP)$ は可観測である（問題(6)）。よって，P が正定であれば，定理4.6およびその注により $A-PBR^{-1}B^T$ は安定である。 ♠

さて，この補題8.1の P を用いて式(8.3)に対する最適解を導出しよう。入力 $u(t)$ のクラスとして，式(8.3)の積分値を有限にし，かつ $\lim_{t\to\infty}x(t)=0$ とする任意のものを考える[†2]。このとき，P が式(8.4)を満たすことを利用すると，式(8.3)は

$$\begin{aligned}J(u)&=\int_0^\infty \{x^T(t)Qx(t)+u^T(t)Ru(t)\}dt\\&=\int_0^\infty \{-x^T(t)(A^TP+PA-PBR^{-1}B^TP)x(t)+u^T(t)Ru(t)\}dt\\&=\int_0^\infty \{(-\dot{x}(t)+Bu(t))^TPx(t)+(\#)^T+x^T(t)PBR^{-1}B^TPx(t)\\&\quad +u^T(t)Ru(t)\}dt\\&=\int_0^\infty \{-\dot{x}(t)Px(t)-x^T(t)P\dot{x}(t)+(u(t)+R^{-1}B^TPx(t))^TR(u(t)\\&\quad +R^{-1}B^TPx(t))\}dt\\&=\int_0^\infty \Big\{-\frac{d}{dt}(x^T(t)Px(t))+(u(t)+R^{-1}B^TPx(t))^TR(u(t)\end{aligned}$$

---

†1 式(8.4)は，左辺を要素ごとに展開すれば P の要素を未知変数とする多変数の $\{n(n+1)/2\}$ 元連立方程式になる。この方程式は未知変数の掛け算項を含んでいるので（通常の2次方程式がそうであるように），一般に複数の解をもつ。ただし，仮定(A2)，(A3)が満たされるとき正定解は唯一である（証明は略）。

†2 7章で与えた状態フィードバックによる安定化制御は，これらの条件を満足する。

$$+R^{-1}B^TPx(t)\Bigr\}dt$$
$$=x^T(0)Px(0)+\int_0^\infty (u(t)+R^{-1}B^TPx(t))^TR(u(t)+R^{-1}B^TPx(t))dt$$

と変形できる（ただし$(\#)^T$は前項の転置を表す）。これからJを最小にするuは

$$u(t)=F_0x(t),\quad F_0=-R^{-1}B^TP \tag{8.5}$$

であることが、ただちにわかる。この$u(t)$は補題8.1により式(8.1)の安定化解である。また、Jの最小値は

$$J_{\min}=x^T(0)Px(0)$$

となる。

　ここで、リカッチ方程式(8.4)の解法について述べておく。まず、式(8.4)は

$$\begin{bmatrix} A & -BR^{-1}B^T \\ -Q & -A^T \end{bmatrix}\begin{bmatrix} I \\ P \end{bmatrix}=\begin{bmatrix} I \\ P \end{bmatrix}(A-BR^{-1}B^TP)$$

と書き直せることに注意しよう。本式は、行列の固有ベクトルと固有値の関係$Mx=\lambda x$を想起させる。そこで

$$H=\begin{bmatrix} A & -BR^{-1}B^T \\ -Q & -A^T \end{bmatrix}$$

とおく。このような構造の行列は、**ハミルトン行列**と呼ばれており、ハミルトン行列の固有値は虚軸に関し対象に分布することが知られている[†]。また、仮定$(A2)$, $(A3)$があると、Hには純虚数の固有値がないことも証明できる。したがって、行列Hの$2n$固有値のうち、n個は実部が負（すなわち安定）、残りのn個は実部が正（すなわち反安定）である。いま、安定な固有値を$\lambda_1,\cdots,\lambda_n,$ 対応する固有ベクトルを

$$\phi_1=\begin{bmatrix} \xi_1 \\ \eta_1 \end{bmatrix},\quad \phi_2=\begin{bmatrix} \xi_1 \\ \eta_1 \end{bmatrix},\quad \cdots,\quad \phi_n=\begin{bmatrix} \xi_n \\ \eta_n \end{bmatrix}$$

とする。このとき、固有値と固有ベクトルの関係から

[†] $a+bj$がHの固有値とすると、$-a+bj$もHの固有値である。

が成り立つ。この式の両辺に右から $[\xi_1 \cdots \xi_n]^{-1}$ を掛け，さらに

$$P = [\eta_1 \cdots \eta_n][\xi_1 \cdots \xi_n]^{-1} \tag{8.6}$$

$$\widehat{A} = [\xi_1 \cdots \xi_n]\begin{bmatrix} \lambda_1 & & 0 \\ & \ddots & \\ 0 & & \lambda_n \end{bmatrix}[\xi_1 \cdots \xi_n]^{-1}$$

とおくと

$$\begin{bmatrix} A & -BR^{-1}B^T \\ -Q & -A^T \end{bmatrix}\begin{bmatrix} I \\ P \end{bmatrix} = \begin{bmatrix} I \\ P \end{bmatrix}\widehat{A}$$

を得る。$\widehat{A}$ は λ_i に関する仮定から安定行列である。また，上式から

$$\widehat{A} = A - BR^{-1}B^T P$$

$$-Q - A^T P = P(A - BR^{-1}B^T P)$$

が成り立つ。したがって，式(8.6)の P はリカッチ方程式の安定化解である。

8.2 2自由度LQIサーボ系

本節では，一定目標値（大きさは任意）に追従するサーボ系を，最適レギュレータの手法で設計する方法について述べる。制御対象の状態方程式は

$$\dot{x}(t) = Ax(t) + Bu(t) \qquad \text{再揭}(8.1)$$

$$y(t) = Cx(t) \qquad \text{再揭}(8.2)$$

で表され，x, u, y の次元はそれぞれ n, m, m とする（一般には，入力の次元 $\geqq$ 出力の次元であればよいが，記述を簡単にするためこのように仮定する）。設計の目標は，出力 y が任意のステップ目標値に定常偏差が0で追従するように，最適入力 $u(t)$ を決めることである。以下では，係数行列は

$$\det\begin{bmatrix} A & B \\ C & 0 \end{bmatrix} \neq 0 \tag{8.7}$$

を満たすと仮定する。これは制御対象が原点に零点をもたないことを意味し

(問題(4)),安定性を保ちながら,任意のステップ状目標値に定常偏差 0 で追従できるための必要十分条件である。

いま,定常状態で出力 $y(t)$ は目標値 r に一致し,システムの状態 x および入力 u はそれぞれ定常値 x_∞, u_∞ になったと仮定すると,x_∞, u_∞ および r は

$$0 = Ax_\infty + Bu_\infty, \quad r = Cx_\infty \tag{8.8}$$

を満たす。ここで,定常値と x, y, u との偏差を

$$\tilde{x} = x - x_\infty, \quad \tilde{y} = y - r, \quad \tilde{u} = u - u_\infty \tag{8.9}$$

で定義する。このとき,式(8.1)および式(8.8)により

$$\dot{\tilde{x}} = A\tilde{x} + B\tilde{u}, \quad \tilde{y} = C\tilde{x} \tag{8.10}$$

が満たされる。これを偏差方程式と呼ぶ。式(8.10)を見るとわかるように,偏差方程式はもとの制御対象の状態方程式と同じ形である。このため,偏差方程式の安定化には **8.1** 節のレギュレータの設計手法をそのまま使うことができる。以下では,最適レギュレータを採用し設計を進めることにしよう。

評価関数 J を

$$J = \int_0^\infty \{\tilde{x}^T(t)Q\tilde{x}(t) + \tilde{u}(t)R\tilde{u}(t)\}dt \tag{8.11}$$

とする。**8.1** 節と同様に (A, B) は可制御とし,行列 Q, R についても同様の仮定を設ける。このとき J を最小化する最適制御は,リカッチ方程式(8.4)の正定解 P により

$$\tilde{u}(t) = F_0\tilde{x}(t), \quad F_0 = -R^{-1}B^TP \tag{8.12}$$

で与えられる。この制御により,$t \to \infty$ のとき $\tilde{x}(t) \to 0$ となるので,$\tilde{y}(t) = C\tilde{x}(t) \to 0$,すなわち $y(t) \to r$ が実現される。なお,$\tilde{u}$ は偏差系に対する入力であるが,式(8.12)を式(8.9)に代入し,さらに式(8.8)を利用すると,もとの制御対象の入力に書き直すことができ

$$u(t) = F_0 x(t) + H_0 r, \quad H_0 = -[C(A + BF_0)^{-1}B]^{-1} \tag{8.13}$$

となる(問題(5))。

さて,以上は制御対象のモデル式(8.1)に誤差がなく,正確にモデル化された場合の話である。しかし,現実にはモデルの誤差は避けられないため,制御

式(8.13)によって出力偏差が0になるとは限らない。このような問題に関して，7章では，フィードバック制御系の開ループ伝達関数が目標値信号に関する内部モデル（いまの場合は積分器）を有することが必要があることを述べた。

上述の点を考慮した制御系として，**図8.1**の構造の2自由度制御系が提案されている。図中の F_0, H_0 は式(8.12)，(8.13)と同じものである。

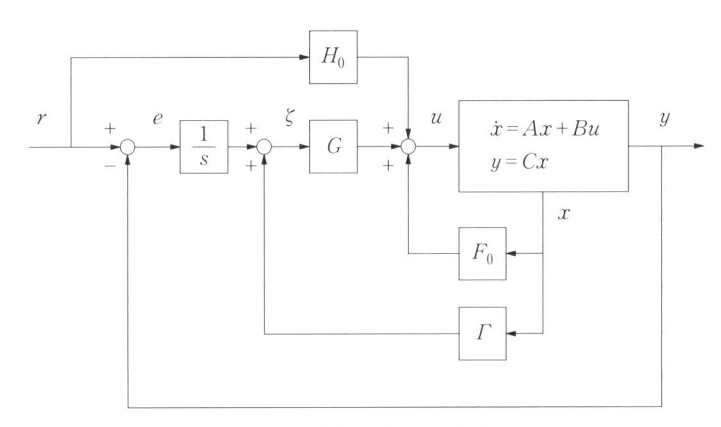

図8.1 2自由度最適追従制御系

行列 $\varGamma$ は

$$\varGamma = C(A+BF_0)^{-1}$$

で与えられる。行列 G の決め方は後で述べるが，とりあえずは正則で（正則でないと内部モデルの特性が消える）閉ループ系を安定化するものとする。このとき，制御系は以下の性質をもつ。

① ステップ状目標値入力に対して定常偏差0で追従する。しかもこの性質は制御対象のモデル化誤差や定常外乱に依存しない（ロバスト追従）。

② 制御対象にモデル化誤差や定常外乱がないとき，r から ζ への伝達関数は0である（問題(3)）。言い換えれば，ζ によるフィードバックの効果は，制御対象のモデル化誤差や定常外乱があったときだけに現れる。

③ 制御対象にモデル化誤差や定常外乱がないとき，ステップ状目標値入力

への追従は，式(8.11)の最適制御を行ったときと同じである。

①は開ループ伝達関数が積分特性をもつことによる。③は②の帰結である。また，②は**図 8.1**の関係を用いて，rからvへの伝達関数を求めることにより直接確かめられる。または，つぎの式(8.14)を用いてもよい。

さて，閉ループ系の状態方程式は，**図 8.1**の関係から

$$\frac{d}{dt}\begin{bmatrix} x \\ \xi \end{bmatrix} = \begin{bmatrix} A+BF_0 & BG \\ 0 & \Gamma BG \end{bmatrix}\begin{bmatrix} x \\ \xi \end{bmatrix} + \begin{bmatrix} BH_0 \\ 0 \end{bmatrix}r \quad (8.14)$$

と書かれる。ここで，F_0は最適フィードバックゲインであることから，$A+BF_0$は安定である。したがって，制御系が安定であるためには

$$\Gamma BG = \text{安定行列}，\quad \text{すなわち} \quad G = (\Gamma B)^{-1} \times (\text{安定行列})$$

であればよい。

Gを決める具体的な方法としては，定常外乱の影響を2次形式最適評価で表し，それを最小化するという考え方や，制御対象の変動の追従特性に対する影響を抑制する考え方に基づいた方法が提案されている。前者の場合には，定常外乱が入ったときのξの定常値を$\xi_{d\infty}$，vの定常値を$v_{d\infty}$，それぞれの差を$\tilde{\xi}_d$, $\tilde{v}_d$とおくと

$$\dot{\tilde{\xi}}_d = \Psi \tilde{v}_d$$

となることが示されるので，評価関数を

$$J = \int_0^\infty (\tilde{\xi}_d^T \Xi \tilde{\xi}_d + \tilde{v}_d^T \Theta \tilde{v}_d) dt$$

としたときのリカッチ方程式

$$-\Pi \Psi \Theta^{-1} \Psi^T \Pi + \Xi = 0$$

の解Πを用いて

$$G = -\Theta^{-1} \Psi^T \Pi$$

と決められる。

問　　題

(1) 状態方程式および評価関数が
$$\dot{x}=x+u, \quad J=\int_0^\infty (x^2+\rho u^2)dt$$
で与えられるとき，最適制御を求めよ。また，評価関数の重みが $\rho=0.1$, 1, 10 であるとき，$x(0)=1$ として，最適解 $x(t)$, $u(t)$ のグラフを書け。

(2) システム行列 A, B および評価関数の重み行列 Q, R が以下の式で与えられるとき，リカッチ方程式 (8.4) の安定化解 P を，直接非線形の連立方程式を解く方法，およびハミルトン方程式の固有値，固有ベクトルによる方法の 2 通りの方法で計算せよ。
$$A=\begin{bmatrix} 0 & 1 \\ 0 & 0 \end{bmatrix}, \quad B=\begin{bmatrix} 0 \\ 1 \end{bmatrix}, \quad Q=\begin{bmatrix} 1 & 0 \\ 0 & 0 \end{bmatrix}, \quad R=1$$

(3) 図 **8.1** のシステムに関して式 (8.14) が成立することを示せ。また，この結果を用いて，r から ξ までの伝達関数は 0 であることを示せ。

(4) 式 (8.1)，(8.2) を $G(s)$ の最小実現とする。このとき
$$\begin{vmatrix} A-sI & B \\ C & 0 \end{vmatrix}=0$$
の解は $G(s)$ の零点であることを示せ。

(5) 式 (8.8)，(8.9)，(8.12) により，入力 u は式 (8.13) で書けることを示せ。

(6) A, B, P, Q が，仮定 (A1)〜(A3) を満たすとき，$(PBR^{-1}B^TP+Q, A-BR^{-1}B^TP)$ は可観測であることを示せ。

9 フィードバック制御系の周波数特性と安定性

　システムの記述法として，これまでに状態方程式と伝達関数の2通りの方法を述べた．これらに対応して，制御系の解析や設計の手法も状態空間法と周波数応答法に区別される．前者はシステムの入出力や状態変数の時間的な振舞いを直接扱うアプローチであり，7章や8章で述べた手法がこれに属する．一方，周波数応答法はこれとは異なり，システムの正弦波に対する入出力間の関係を調べ，これをもとにして制御系の安定性や追従性能の解析・設計を行う手法である．正弦波に対する入出力の関係だけで，果たしてこうしたことができるのか．この疑問に対する答えが本章および10章で与えられる．

9.1　システムの周波数特性

　伝達関数が $G(s)$ であるシステムに，入力として正弦波信号 $\sin \omega t$ を加える[†]．ω は入力の（角）周波数を表し，単位は rad/s である．$G(s)$ は安定で，かつ簡単のため重極をもたないと仮定する．このとき，十分に時間が経過すると出力 y も同じ周波数の正弦波になる．実際，y のラプラス変換 $Y(s)$ は

$$Y(s) = G(s)\pounds[\sin \omega t] = G(s)\frac{\omega}{s^2+\omega^2} = G(s)\frac{\omega}{(s+j\omega)(s-j\omega)}$$

であるので，これを部分分数展開すると

$$Y(s) = G(j\omega)\frac{1}{2j(s-j\omega)} - G(-j\omega)\frac{1}{2j(s+j\omega)} + \Sigma \frac{a_i}{s-\alpha_i}$$

[†] 制御系の入力が純粋な正弦波であることは通常はない．しかし，時間関数の多くはフーリエ級数やフーリエ変換を通して正弦波の和あるいは積分で表現できるので，制御系の周波数応答は，任意の信号に対する制御系の振舞いを知るうえで非常に有用である．

となる。右辺の第3項は $G(s)$ の極 α_i に関する展開項を表す。したがって，ラプラス変換の逆変換により

$$y(t) = \frac{1}{2j}\{G(j\omega)e^{j\omega t} - G(-j\omega)e^{-j\omega t}\} + \Sigma a_i e^{\alpha_i t} \qquad (9.1)$$

となる。

ここで，$G(j\omega)$ は一般に複素数であり，角座標表現を用いると

$$G(j\omega) = |G(j\omega)|e^{j\phi} \qquad (\phi = \angle G(j\omega)) \qquad (9.2)$$

と表される（図 **9.1**）。また，一般に $G(j\omega)$ と $G(-j\omega)$ は複素共役 $G(-j\omega) = \overline{G(j\omega)}$ であるので

$$G(-j\omega) = |G(j\omega)|e^{-j\phi} \qquad (9.3)$$

となる。したがって，式(9.2)，(9.3)を式(9.1)に代入し，さらに仮定により $\text{Re}(\alpha_i) < 0$ であるので，$e^{-\alpha_i t} \to 0$ $(t \to \infty)$ となることを考慮すると，十分に t が大きいとき，$y(t)$ は

$$y(t) = \frac{1}{2j}\{e^{j(\omega t + \phi)} - e^{-j(\omega t + \phi)}\}|G(j\omega)| = |G(j\omega)|\sin(\omega t + \phi) \qquad (9.4)$$

で表される。すなわち，伝達関数が $G(s)$ である安定なシステムに正弦波入力 $\sin \omega t$ が加わったとき，出力は時間が経つとやがて正弦波になり，その振幅は入力の $|G(j\omega)|$ 倍になり，位相は $\angle G(j\omega)$ だけずれる。$\angle G(j\omega) > 0$ なら位相は進み，$\angle G(j\omega) < 0$ なら位相が遅れることを示す。

なお，以上は $G(s)$ が安定と仮定したが，不安定である場合には，図 **9.2** に示すように適当な補償器 $H(s)$ を用いて安定化したうえで，外部から正弦波入

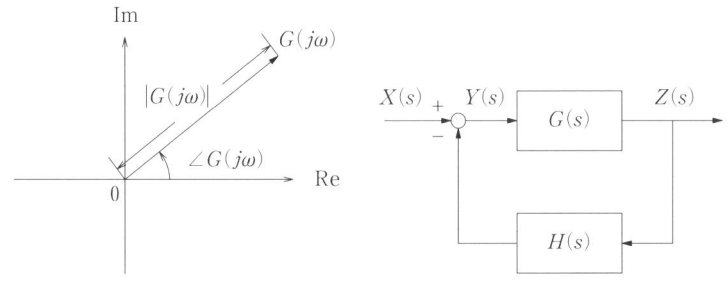

図 **9.1** 伝達関数のゲインと位相　　図 **9.2** 不安定システムの周波数特性

力 $x(t)=\sin\omega t$ を加える。このとき,システム内のすべての変数は時間が十分に経過すると正弦波状になり,$G(s)$ の入出力 $y(t)$, $z(t)$ は上述のゲインと位相の関係を満たすようになる。

以上に述べたことから,$|G(j\omega)|$ を $G(s)$ の増幅率(ゲイン),$\angle G(j\omega)$ を $G(s)$ の位相と呼ぶ。また,$G(j\omega)$ を入力の角周波数 ω の関数と考えたとき,$G(j\omega)$ を周波数応答関数という。

例 9.1 振子の周波数特性

図 9.3 に示すように,鉛筆の上端を親指と人差し指でゆるく挟み,指の間で,ある程度自由に回転できるようにつり下げて,手を左右に揺する。手の変位が入力で,鉛筆の下端の変位が出力と考える。各自試してみるとすぐわかるが,手の動きが遅いとき(入力の角周波数が小さいとき)には,手と鉛筆下端の動く方向は同じで,変位の大きさもほぼ等しい。したがって,ゲインは1,位相のずれは0である。しかし,手の動きを速くしてゆくと,しだいに鉛筆下端の振幅は大きくなり,しかも動く方向は手とは反対になる。すなわち,ゲインは1より大で,位相は $-180°$ 遅れになる。

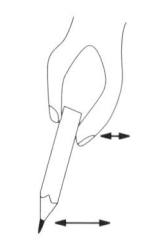

図 9.3 周波数応答

9.2 ベクトル線図とボード線図

システムのゲインや位相は,入力角周波数 ω によって変化する。これを具体的に図で表現することは,制御系の特性がひと目で把握できるため,制御系の解析や設計で非常に有用である。このため,$G(j\omega)$ の図表現がこれまでいくつか提案され利用されてきた。以下では,それらのうちの最も代表的なものであるベクトル線図とボード線図について説明しよう。

〔1〕 ベクトル線図　$G(j\omega)$ で ω を $0\sim+\infty$ まで変化させたときの軌跡を複素平面上に記した線図をベクトル線図という。後で ω を $-\infty\sim+\infty$ まで変化させた軌跡を用いることがあるが,このときにはナイキスト線図(または

軌跡）と呼んでいる．なお，$G(j\omega)$ と $G(-j\omega)$ は実軸に関して対称であるので，$\omega \leqq 0$ に対する軌跡は $\omega \geqq 0$ に対する軌跡を実軸に関して対称にしたものになっている．

例 9.2　1次遅れ系 $G(s) = \dfrac{K}{Ts+1}$　　$(0 < T,\ K)$

$$G(j\omega) = \frac{K}{Tj\omega+1} = \frac{K(1-j\omega)}{\sqrt{(T\omega)^2+1}}$$

で $\omega = 0 \sim \infty$ とすると，図 **9.4** を得る．

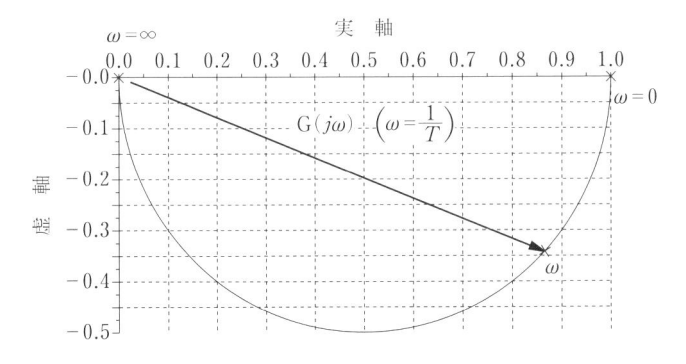

図 9.4　1次遅れ系のナイキスト線図　($K=1$)

本例では
$$x = \mathrm{Re}\ G(j\omega),\quad y = \mathrm{Im}\ G(j\omega)$$
とすると
$$x^2 + y^2 = K^2$$
であるので，1次遅れ系のベクトル線図は中心が $(K/2,\ 0)$，半径が $K/2$ の半円を表す．図 **9.4** から，入力の周波数 ω が十分に小さいとき，$G(s)$ のゲインはほぼ K で，位相の遅れは 0 であり，周波数 ω が大きくなるにつれゲインは 0 に，位相は $-90°$ に近づく．

2 次系：図 **9.5** に $\dfrac{1}{s(s+1)}$（太線），$\dfrac{1}{s^2+0.3s+1}$（細線）のベクトル線図を示す．

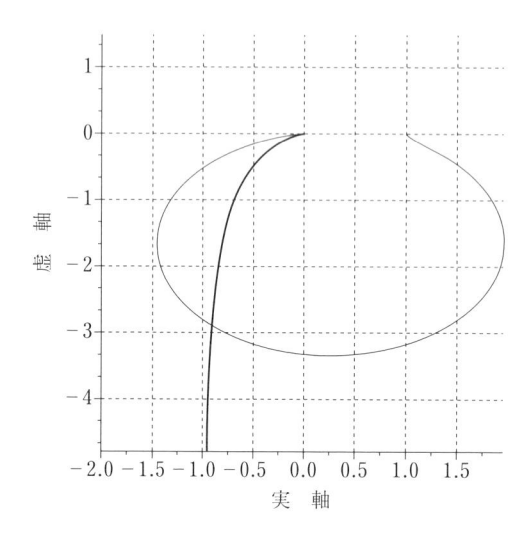

図 9.5 2次系のベクトル軌跡

　一般的な伝達関数の場合，ベクトル線図を手計算で描くことは通常は困難である。このためCADを利用することが多い。**図 9.5** の2次系のベクトル線図の作図にはCAD（SILAB）を利用した。

〔**2**〕**ボード線図**　ボード線図は，ゲイン線図と位相線図の2つのグラフからなる。両グラフとも横軸は周波数軸で対数目盛を用いる。また，ゲイン線図のゲインは $|G(j\omega)|$ のデシベル値 (dB)

$$20 \log |G(j\omega)| \qquad (9.5)$$

を用いる。本定義から 0 dB は $|G(j\omega)|=1$ に対応し，正の dB はゲインが1より大（増幅），負の dB は1より小（減衰）であることを表す。

例 9.3　積分要素 $G(s)=\dfrac{1}{Ts}$ のボード線図

$$G(j\omega)=\frac{1}{j\omega T}$$

であるので，ゲイン〔dB〕と位相はそれぞれ

$$20 \log G(j\omega) = 20 \log \left|\frac{1}{Tj\omega}\right| = -20 \log \omega - 20 \log T$$

$$\angle G(j\omega) = \angle \frac{1}{Tj\omega} = \angle -\frac{j}{T\omega} = -90°$$

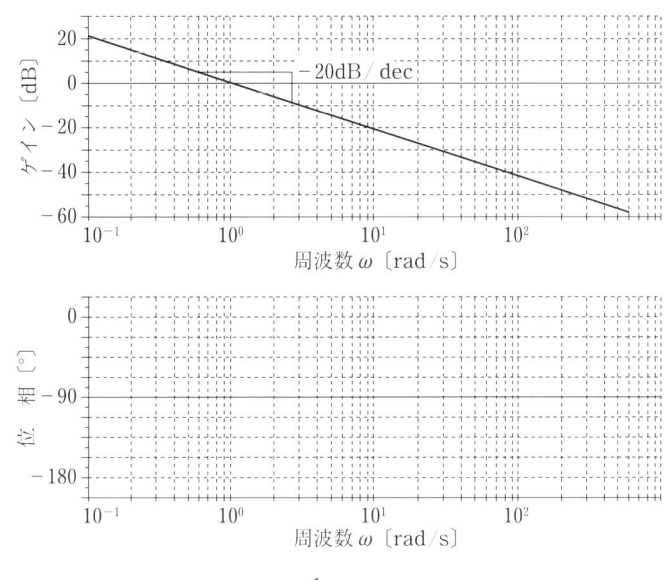

図 9.6 $G(s)=\dfrac{1}{Ts}$ のボード線図 ($T=1$)

となる。したがって，ゲイン線図は**図 9.6**の上側のグラフで示されるように直線になり，周波数が $\omega=1/T$ のとき 0 dB で，傾きは周波数が 10 倍になるとゲインは -20 dB 低下する。これを直線上に -20 dB/dec を付し示す。dec は decade（デカード）の略で，周波数が 10 倍になることを表す。位相はつねに $-90°$（$90°$ 遅れ）である。

例 9.4　1 次遅れ系

$G(j\omega)=\dfrac{K}{1+Tj\omega}$ から，ゲインと位相はそれぞれ

$$20\log|G(j\omega)|=20\log\dfrac{K}{|1+Tj\omega|}=20\log\dfrac{K}{\sqrt{1+(T\omega)^2}}\ \text{[dB]}$$

$$\angle G(j\omega)=-\tan^{-1}T\omega$$

で与えられる。これらにより 1 次遅れ系のボード線図は，**図 9.7**の曲線で表される。

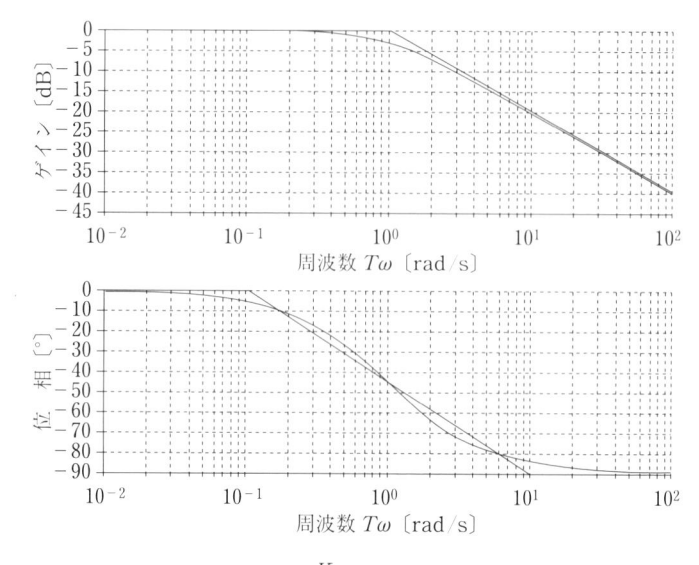

図 9.7　$G(s)=\dfrac{K}{Ts+1}$ のボード線図 ($K=1$)

一方，上の周波数特性を

$$|G(j\omega)|=\left|\frac{K}{1+j\omega T}\right|\cong\begin{cases}K & (0<\omega<1/T)\\ K/(\omega T) & (1/T\leqq\omega)\end{cases}$$

$$\angle G(j\omega)=\begin{cases}0 & (0<\omega<1/(10T))\\ (1/(10T),\ 0°)と(10/T,\ -90°)を結ぶ直線 & (1/(10T)\leqq\omega<10/T)\\ -90° & (10/T\leqq\omega)\end{cases}$$

と近似し，これによりボード線図を描くと**図 9.7**の折れ線グラフになる．ゲイン線図は周波数が $1/T$ 以下では一定値 $20\log K$〔dB〕であり，$1/T$ 以上で傾きが -20 dB/dec の直線である．ゲイン線図の折れ線近似が折れ曲がる周波数（**図 9.7**では $\omega=1/T$）は，**折れ点周波数**と呼ばれる．一方，位相線図の折れ線近似は，折れ点周波数 $1/T$ の $1/10$ 以下では $0°$，10 倍以上では $-90°$，それらの中間の周波数では点 $(1/(10T)〔\text{rad/s}〕,\ 0°)$ と $(10/T〔\text{rad/s}〕,\ -90°)$ を結んだ直線になっている．折れ線近似による誤差は，ゲイン線図では $-20\log(1/\sqrt{2})\cong 3$ dB，位相線図では約 $6°$ である．これらは十分に小さい

とはいえないが，図を描くことの容易さから，制御系のおおよその特性を知る
うえで，折れ線近似はしばしば非常に有用である．

例 9.5　2次系のボード線図

2次系

$$G(s) = \frac{\omega_n^2}{s^2 + 2\zeta\omega_n s + \omega_n^2} \qquad (0 < \zeta,\ \omega_n) \qquad (9.6)$$

のボード線図は，ζ が1以上の場合と1未満の場合でだいぶ様子が異なる．
$\zeta \geqq 1$ であれば，式(9.6)の分母を因数分解することで $G(s)$ は1次遅れ要素の
直列結合と見なせるので，各因子に対応する1次遅れ系のボード線図を（例え
ば折れ線近似により）描き，図上で2つのグラフを合成することにより描くこ
とができる（後記の性質（B3）を参照）．

一方，$0 < \zeta < 1$ の場合には $G(s)$ の極は複素極となるので1次遅れ系への分
割ができず，2次系として直接ボード線図を描く必要がある．種々の ζ の値に
対して $G(j\omega)$ を数値的に計算し，ボード線図に書いた結果を**図 9.8** に示す．

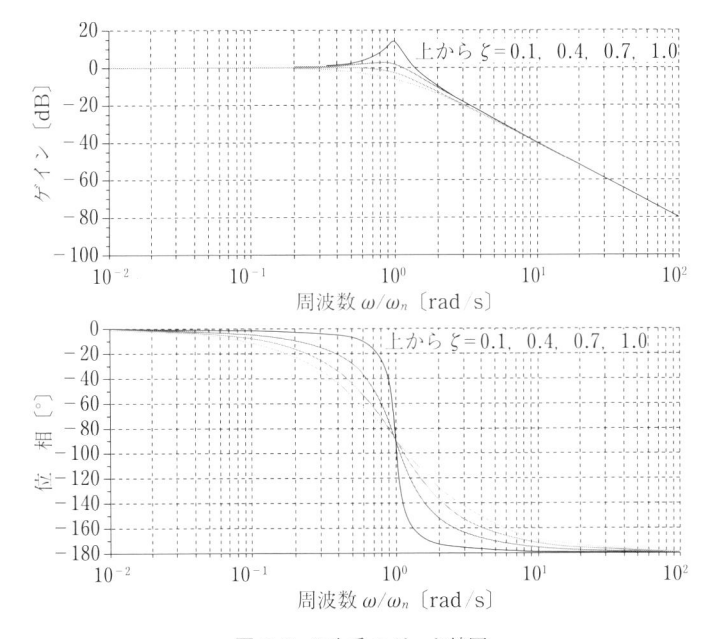

図 9.8　2次系のボード線図

図からわかるように,ゲイン線図は $0<\zeta<1/\sqrt{2}\approx 0.7$ のときには,$\omega=\omega_n$ の近傍で最大値をもつ。最大値を与える周波数を共振周波数という。

定義からボード線図は以下の特徴を有する。

(B1)　ゲインと周波数は対数で表されているので,広い周波数領域とゲイン領域をコンパクトに表すことができる。

(B2)　1次系のボード線図は,折れ線近似により容易に概形を描くことができる。

(B3)　$G(s)=G_1(s)\cdots G_k(s)/\{G_{k+1}(s)\cdots G_K(s)\}$ のボード線図は,各因子 $G_i(s)$ のボード線図を,図上で足し引きすることによって求めることができる。

これらの性質のうち,(B1)は定義から明らかである。(B2)は例 9.2 で見たとおりである。一方,(B3)は

$$20\log|G(j\omega)|$$
$$=20\log\frac{|G_1(j\omega)|\cdots|G_k(j\omega)|}{|G_{k+1}(j\omega)|\cdots|G_K(j\omega)|}$$
$$=20\log|G_1(j\omega)|+\cdots+20\log|G_k(j\omega)|-20\log|G_{k+1}(j\omega)|-\cdots$$
$$-20\log|G_K(j\omega)| \tag{9.7a}$$
$$\angle G(j\omega)=\angle G_1(j\omega)+\cdots+\angle G_k(j\omega)-\angle G_{k+1}(j\omega)\cdots-\angle G_K(j\omega) \tag{9.7b}$$

であることによる。(B1)〜(B3)の性質を利用すると,一般の複雑な伝達関数でも,簡単な伝達関数のボード線図を組み合わせて比較的簡単に描くことができることがある。

9.3　周波数応答とフィードバック制御系の安定性 ― ナイキストの安定判別法

周波数応答により,制御系のさまざまな特性を調べることができる。まず,本節では図 **6.4** のフィードバック制御系の安定性と周波数特性の関係を表す

ナイキストの安定判別法ついて説明する。

図 **6.4** の制御系で

$$L(s)=P(s)C(s) \tag{9.8}$$

$$W(s)=\frac{L(s)}{1+L(s)} \tag{9.9}$$

とおく。$P(s)$, $C(s)$ 間には極・零点の相殺がないと仮定する。このとき，制御系が安定であるための必要十分条件は，閉ループ特性方程式

$$1+L(s)=0 \tag{9.10}$$

のすべての解（＝フィードバック制御系の極）の実部が負であることである。この判定には，ラウス法やフルビッツ法といった代数的な手法を用いて行うことができることはすでに前に説明した。

さて，以下に述べるナイキストの方法では，このようなアプローチと違い，開ループ伝達関数 $L(s)$ の周波数特性によって安定性が判定される。

【ナイキストの安定判別法】

整数 N と Π を以下で定義する。

$\Pi=$ 開ループ伝達関数 $L(s)$ の実部が正である極の数

$N=\omega$ を $-\infty \sim +\infty$ まで変えたとき，$L(j\omega)$ が複素平面上に描く軌跡（ナイキスト軌跡）が点 $-1+j0$ を半時計方向に回る回数[†]

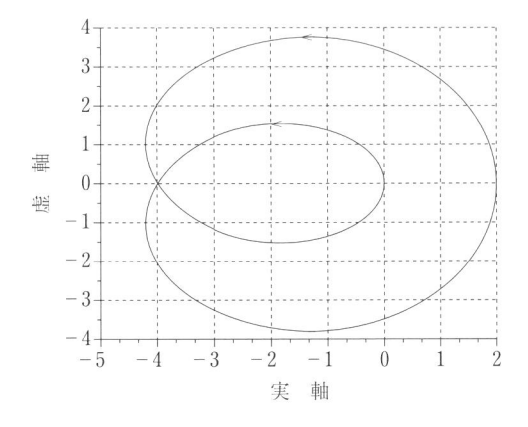

図 9.9 ナイキスト線図による安定性の判定（$N=\Pi=2$ の場合）

[†] $L(s)$ が虚軸上に極をもつときには，十分に小さな半径の円弧によってこれらを避けてナイキスト軌跡を描く。

このとき,図**6.4**のフィードバック制御系が安定であるための必要十分条件は$N=\varPi$となることである(図**9.9**)。

実システムでは,開ループ伝達関数$L(s)$自体は安定であるか,不安定極は原点極に限られること(実部$=0$)が多い。このような場合,ナイキストの判別法はつぎのように簡単化される。

【狭義のナイキストの安定判別法】

$L(s)$が上述の条件を満たすとき,閉ループ系が安定であるための必要十分条件は,$L(j\omega)$でωを$0\sim+\infty$まで変えたとき,点$-1+j0$がつねに軌跡の左側の領域に含まれることである(図**9.10**)

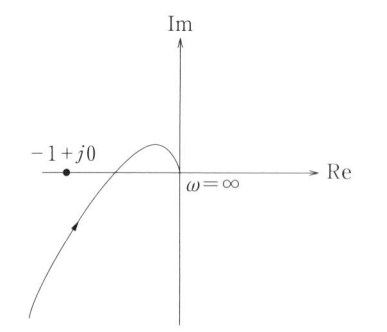

図**9.10** 狭義のナイキスト安定判別法

以上のように,ナイキストの安定判別法によると,閉ループ系の安定性は代数方程式によるのでなく,これとは一見無関係な開ループ伝達関数の周波数特性で調べられる。しかも,**10**章では制御系の目標値や外乱に対する応答特性も$L(s)$の周波数特性によって知ることができることを示す。すなわち,周波数特性によって,制御系の一貫した解析と設計が可能である。これらの理由から,ナイキストの安定判別法は制御系設計の主要な道具になっている。

ナイキスト安定判別法の導出の考え方を以下で説明しよう。簡単のため$L(s)$はつぎの3次システムとするが,一般の場合も同様である。

$$L(s)=K\frac{n(s)}{(s-b_1)(s-b_2)(s-b_3)} \quad (K>0)$$

ここで,$n(s)$は2次以下の分子多項式を表す。また,特性方程式(9.10)の

解（閉ループ系の極）を $a_1 \sim a_3$ として

$$1+L(s)=\frac{(s-b_1)(s-b_2)(s-b_3)+Kn(s)}{(s-b_1)(s-b_2)(s-b_3)}=\frac{(s-a_1)(s-a_2)(s-a_3)}{(s-b_1)(s-b_2)(s-b_3)} \tag{9.11}$$

と書く．以下の目的は，$a_1 \sim a_3$ を直接求めるのでなく，不安定なもの（$\mathrm{Re}\{a_i\} \geq 0$）があるとすれば，その個数が $L(s)$ のナイキスト軌跡からわかることを示すことである．そのために，まず複素平面上に $a_1 \sim a_3$ および $b_1 \sim b_3$ をプロットする（**図 9.11**）．

図 9.11 は，$a_1 \sim a_3$ のうち a_1，a_2 の実部が正，a_3 の実部が負，$b_1 \sim b_3$ のうち b_1 の実部が正，b_2，b_3 の実部が負の場合を示す（よって $\Pi=1$）．

つぎに，同じ複素平面上にアルファベットのDの形をした閉曲線（D曲線と呼ぶ）を決める．Dの半径 R を十分に大きくして，$1+L(s)$ の実部が正であるすべての極と零点（**図 9.11** の場合 a_1，a_2 および b_1）が，D曲線の内側にあるようにする．続いて，D曲線上の任意の複素数を s_c として，これを式 (9.11) に代入する．

$$1+L(s_c)=K\frac{(s_c-a_1)(s_c-a_2)(s_c-a_3)}{(s_c-b_1)(s_c-b_2)(s_c-b_3)} \tag{9.12}$$

式 (9.12) において，s_c を始点 A から A→B→C→A の順に，D曲線上を時計方向に1周させる．このとき，式 (9.12) の関係により $1+L(s_c)$ は複素平面内の閉曲線 Γ を描く（**図 9.12**）．この Γ が複素平面の原点を時計方向に回る

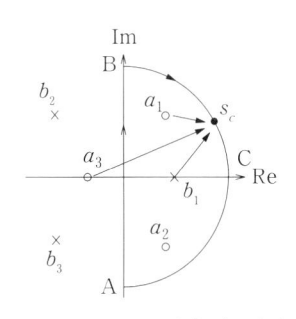

図 9.11 閉ループ系の極（a_i）と開ループ系の極（b_j）の分布およびD曲線

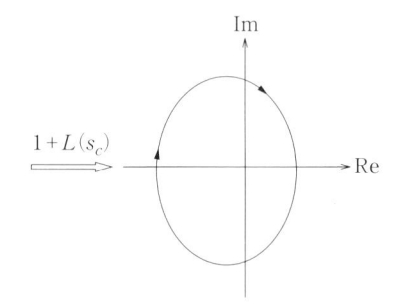

図 9.12 閉曲線 Γ（=D曲線の $1+L(s_c)$ による像）

回数を Y とする（図 **9.12** では $Y=1$）。Y は以下に述べる関係を満たす。

まず，s_c が D に沿って時計方向に 1 周するとき，D 曲線の内側にある a_k, b_l に対しては，ベクトル s_c-a_k, s_c-b_l は原点を時計回りに 1 回転し，D 曲線の外側にあるものに対しては正味の回転角は 0 であることに注意しよう。一方，s_c-a_i, s_c-b_j の極座標表示を

$$s_c-a_i=|s_c-a_i|\exp(j\phi_{ai})$$
$$s_c-b_j=|s_c-b_j|\exp(j\phi_{bj})$$

とすると

$$1+L(s_c)$$
$$=K\frac{|s_c-a_1||s_c-a_2||s_c-a_3|}{|s_c-b_3||s_c-b_3||s_c-b_3|}\exp\{j(\phi_{a1}+\phi_{a2}+\phi_{a3}-\phi_{b1}-\phi_{b2}-\phi_{b3})\}$$

であるので，$1+L(s_c)$ の偏角は，ベクトル s_c-a_k の偏角の和からベクトル s_c-b_l の偏角の和を引いたものに等しい。よって

$$Y=\text{実部が正である}\ a_i\ \text{の数}-\text{実部が正である}\ b_i\ \text{の数} \qquad (9.13)$$

が成立する（図 **9.11** の場合，$Y=2-1=1$）。

式 (9.13) からナイキストの安定判別定理が得られる。実際，制御系が安定である必要十分条件は，すべての a_k の実部が負であることなので，式 (9.13) の右辺の第 1 項は 0 でなければならない（図 **9.11** は，第 1 項 $=2$ であるので，これは不安定な場合である）。よって

$$Y=-(\text{実部が正である}\ b_i\ \text{の数})$$

でなければならない。

ここで，マイナスの符号は，回転方向が時計と逆回りであることを意味する。したがって，$1+L(s_c)$ は複素平面の原点を"反時計方向"に「実部が正である b_i の個数」回だけ回る必要がある。

さて，もともと定理の前提は，a_i の値がわからないということであった。この前提のもとで，複素右半平面内にあるすべての a_i が D 曲線の内部にあるようにしなければならない。このためには，D 曲線の円弧部分の半径 R を無限に大きくとるとよい。このとき，虚軸上の s_c に対しては $s_c=j\omega$ であるの

で，$1+L(s_c)=1+L(j\omega)$ である．一方，円弧上の s_c に対しては，$L(s)$ の分母次数は分子次数より大きいか等しいので，$R\to\infty$ のとき $L(s_c)$ は一定値 $\lim_{\omega\to\infty}(L(j\omega))$ に収束する．したがって，$1+L(s_c)$ の軌跡は R が無限大になるとき，$1+L(j\omega)$ のナイキスト軌跡に収束する．最後に複素平面上で

$1+L(j\omega)$ が原点を回る回数 $=L(j\omega)$ が $-1+j0$ を回る回数

に注意すれば，ナイキストの安定判別法が得られる．

9.4 安定性のロバストネス

制御系を数式モデルで表すとき，何らかの簡単化が避けられないので，数式モデルは必ずしも現実のシステム特性を正確に表していない．また制御系では，動作中の環境変動などにより伝達特性が変わることは避けられない．したがって，制御系設計では，これらのモデルの不確かさが制御系の特性にどのように影響するか理解しておくことが非常に重要である．

〔1〕 **ゲイン余裕と位相余裕** 本節ではフィードバック制御系（**図 6.4**）の安定性と，開ループ伝達関数のゲイン変動や位相変動との関係を調べる．

最初にゲイン変動について考えるため開ループ伝達関数を

$$\tilde{L}(s) = kL(s) \tag{9.14}$$

と書こう．$k=1$ のとき $L(s)$ となり，変動前の状態（ノミナル状態）を表す．このとき制御系は安定であると仮定する．さて，k が 1 から増えた場合に安定性はどう変わるか．これへの解答は，$\tilde{L}(s)$ のベクトル線図の k による変化の様子を調べることにより得られる．

すなわち，$\tilde{L}(s)$ のベクトル線図は $L(s)$ のベクトル線図を原点を中心に k 倍に拡大したものであることから，k が 1 から増えるに従って**図 9.13** の① ($1<k<1/\overline{\text{OC}}$)，② ($k=1/\overline{\text{OC}}$)，③ $1/\overline{\text{OC}}<k$ と変化する（C は $L(s)$ のベクトル線図と実軸との交点）．①の場合，$\tilde{L}(s)$ のベクトル線図が点 $-1+j0$ を回る回数は $L(s)$ と同じである．もちろん不安定極の数は不変である．よって，制御系は安定のままである．一方，③の場合，$\tilde{L}(s)$ のベクトル線図が点

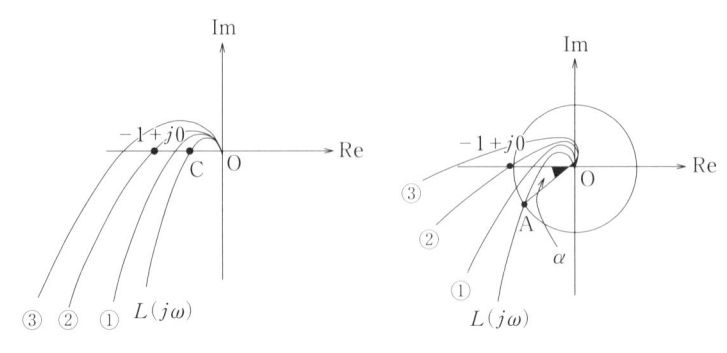

図9.13 ゲイン変動とナイキスト　　**図9.14** 位相変動とナイキスト

$-1+j0$ を超えたことにより，同点を回る回数は $L(s)$ の場合から変化する。よって，この場合，制御系は不安定になる。②は安定と不安定の境界の場合を表し，このとき制御系は振動モードである。

つぎに，位相変動の影響を考えるため開ループ伝達関数を

$$\widetilde{L}(s) = e^{-j\theta} L(s) \qquad (9.15)$$

と書く。$\theta(\geqq 0)$ は位相遅れの大きさを表し，$\theta=0$ はノミナルな場合を示す。$\widetilde{L}(s)$ のベクトル線図は，$L(s)$ のベクトル線図を原点中心に角度 θ だけ時計回りに回転して得られる。したがって，θ を 0 から増やすと，ベクトル線図は**図9.14** の① $(0<\theta<\alpha)$，② $(\theta=\alpha)$，③ $(\theta>\alpha)$ と変化する（ベクトル線図が原点を中心，半径 1 の円と交わる点を A とするとき，α は線分 OA と負の実軸がなす角）。ゲイン変動について述べたのと同じ理由により，①は安定，②は振動モード，③は不安定な場合をそれぞれ表す。

以上から，ゲイン変動については $k=1/\overline{\mathrm{OC}}$，位相変動については $\theta=\alpha$ が安定性の限界を示し，k, θ がこれらの値より小さいとき，制御系の安定は保持される。このことから $1/\overline{\mathrm{OC}}$ を**ゲイン余裕**，α を**位相余裕**と呼んでいる。ゲイン余裕，位相余裕が大きいほど，制御系の安定性はロバスト（頑健）である。ゲイン余裕，位相余裕の好ましい値については，以下の目安が知られている。

	（ゲイン余裕）	（位相余裕）
サーボ系	10～20 dB	40～60°
レギュレータ系	3～10 dB	20° 以上

なお，以上ではベクトル線図を用いたが，ボード線図によっても同様な説明が可能である．これを**図9.15**に示す．図中の曲線は$L(s)$のボード線図を表す．このとき，**図9.13**の点Cおよび**図9.14**の点Aは，それぞれ$L(j\omega)$の位相の遅れが$-180°$であること，およびゲインが$1(=0 \text{ dB})$であることを表していることから，これらはボード線図ではそれぞれ周波数がω_C, ω_Aである箇所に対応している．制御系が安定であるためには，ω_Cにおけるゲインは0 dBよりも小であること，ω_Aにおける位相の遅れは180°よりも少ないことが必要である．よって，ゲイン余裕および位相余裕は，それぞれ**図9.15**の太い矢印で表された量によって与えられる．

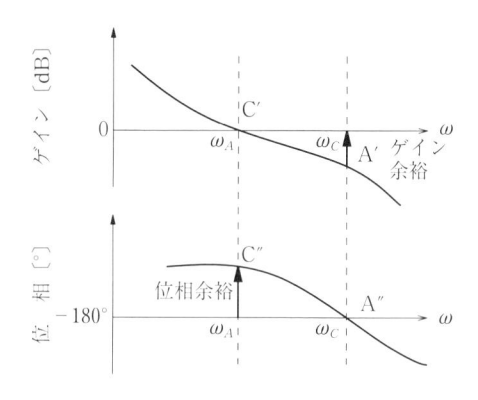

図9.15 ボード線図とゲイン余裕，位相余裕狭義のナイキスト安定判別法

〔2〕乗法的モデル誤差に対する安定性条件 上述のようにゲイン変動と位相変動を別々に考えるのでなく，それらが同時に変わる場合，しかも，不確かさの大きさが周波数にも依存するような場合を考えよう．これを

$$\widetilde{P}(s) = (1+\Delta(s))P(s) \tag{9.16}$$

で表す．$\Delta(s)$は変動率に相当するもので，**乗法的なモデルの不確かさ**と呼んでいる．$\Delta(s)=0$はノミナルな場合に対応する．なお，$L(s)=P(s)C(s)$において，コントローラの伝達関数$C(s)$の不確かさは，$P(s)$の不確かさと比べて

十分に小さいため,通常は無視する。よって

$$\tilde{L}(s)=(1+\varDelta(s))L(s) \qquad (9.17)$$

である。

$\varDelta(s)$ について以下の仮定を設ける($\varDelta(s)$ は不確かさを表すものであることから,具体的な伝達関数はわからないと考えるべきである)。

① $\varDelta(s)$ は安定である。
② ある既知の伝達関数 $W_m(s)$ により,$\varDelta(s)$ は

$$|\varDelta(j\omega)|\leq|W_m(j\omega)| \qquad (9.18)$$

を満たす。この $W_m(s)$ を不確かさ $\varDelta(s)$ のゲインに対する上限関数という[†]。$W_m(s)$ は,一般性を失わないで最小位相推移系であると仮定できる(最小位相推移系の定義は **10.3** 節を参照)。

さて,以上のようにモデルの不確かさが表されるとき,周波数 ω における $\tilde{L}(s)$ のベクトル線図はつねに**図 9.16** の円領域に含まれることに注意しよう。図中の実線はノミナルな場合($\varDelta(s)=0$)を表し,円の中心は $L(j\omega)$,半径は $|W(j\omega)L(j\omega)|$ である。

仮定により,制御系はノミナル状態で安定であるので,$L(s)$ のナイキスト軌跡が点 $-1+j0$ を回る回数は $L(s)$ の不安定極の数に等しい。一方,$\varDelta(s)$ は安定であるので,$L(s)$ と $\tilde{L}(s)$ の不安定極の数は同じである。したがって,制

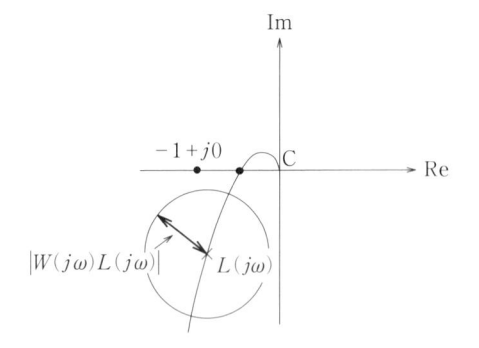

図 9.16 伝達関数の不確かさとナイキスト線図のナイキスト安定判別法

[†] 伝達関数を同定するとき,試行によって一般に異なった伝達関数 $\hat{P}(s)$ が求まる。$\hat{P}(s)$ に対するノミナル値 $P(s)$ を適切に定め,$\varDelta(s)=(\hat{P}(s)-P(s))/P(s)$ とする。このとき,すべての $\hat{P}(s)$ に関する $|\varDelta(j\omega)|$ の最大値を $|W(j\omega)|$ とする。

御系の安定性が維持されるためには，$\tilde{L}(s)$ のナイキスト軌跡が点 $-1+j0$ を回る回数は，$L(s)$ と同じである必要がある．このための必要十分条件は，$\tilde{L}(j\omega)$ の存在領域を示す円内に点 $-1+j0$ が含まれないことである．これを式で書けば，図 **9.16** の関係から

$$|W_m(j\omega)L(j\omega)| < |1+L(j\omega)|$$

となる．よってつぎの定理 9.1 が得られる．

【定理 9.1】 乗法的不確かさに対するロバスト安定条件

制御対象 $P(s)$ の変動が，安定な伝達関数 $\varDelta(s)$ により式 (9.16) で表される場合，図 **6.4** の制御系がロバスト安定であるための必要十分条件は，任意の周波数 ω で

$$\left| W_m(j\omega) \frac{L(j\omega)}{1+L(j\omega)} \right| < 1 \tag{9.19}$$

が満たされることである． ♠

9.5 最適システムの円板条件

最適制御系の安定性のロバストネスについても述べておく．制御対象の状態方程式は

$$\dot{x} = Ax + Bu, \quad y = Cx \tag{9.20}$$

で与えられ，可制御とする．また，評価関数を式 (8.3) とし，リカッチ方程式 (8.4) の正定解を P とする．このとき，最適制御 u は

$$u(t) = F_0 x(t), \quad F_0 = -R^{-1}B^T P$$

で与えられた．さて，このシステムの周波数特性を調べよう．

リカッチ方程式から

$$(-sI - A^T)P + P(sI - A) + PBR^{-1}B^T P - Q = 0$$

となる．この両辺に右から $(sI-A)^{-1}B$ を，左から $B^T(-sI-A^T)^{-1}$ を掛けることにより

$$B^T P(sI-A)^{-1}B + B^T(-sI-A^T)^{-1}PB$$

$$+B^T(-sI-A^T)^{-1}PBR^{-1}B^TP(sI-A)^{-1}B$$
$$=B^T(-sI-A^T)^{-1}Q(sI-A)^{-1}B$$

を得る．つぎに，この式の両辺に R を加え，$RF_0 = -B^TP$ を代入して因数分解すると

$$\{I+B^TP(sI-A^T)^{-1}F_0^T\}R\{I+F_0(sI-A)^{-1}B\}$$
$$=B^T(-sI-A^T)^{-1}Q(sI-A)^{-1}B+R$$

となる．よって $s=j\omega$ とすると，Q は半正定行列なので

$$R|1+F_0(j\omega I-A)^{-1}B|^2 = RB^T(-j\omega I-A^T)^{-1}Q(j\omega I-A)^{-1}B+R \geq R$$

となる（入力の次元を1とした）．したがって，両辺を R で割れば

$$|I+F_0(j\omega I-A)^{-1}B|^2 \geq 1 \tag{9.21}$$

を得る．本結果は以下のように解釈できる．まず，最適制御系を**図9.17**のブロック線図で表す．このとき，伝達関数 $W_0(s)=F_0(j\omega I-A)^{-1}B$ は，図の点Aでループを開いたときの開ループ伝達関数を表し，上の関係式(9.21)は，$W_0(s)$ のナイキスト軌跡が**図9.18**の円の外側にあることを示している．よって，最適レギュレータ系のゲイン余裕は ∞ で，位相余裕は $60°$ 以上である．

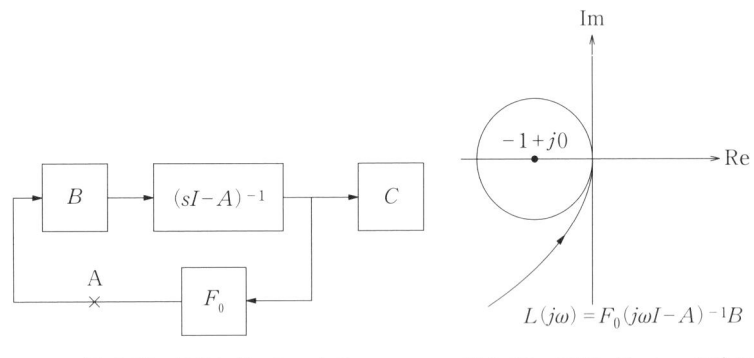

図9.17 最適レギュレータ系

図9.18 最適レギュレータ系のベクトル線図

問題

(1) $G(s) = \left(\dfrac{10}{s+10}\right)^3$ のボード線図（ゲイン線図，位相線図）の概形を書け。

(2) 伝達関数が $W(s)$ である制御系の単位ステップ入力応答を，$y(t)$ とする。いま，別の伝達関数 $\widetilde{W}(s)$ のボード線図（ゲイン線図，位相線図）は，$W(s)$ のボード線図を周波数軸の正の方向に L だけ平行移動したものに一致するとき，$\widetilde{W}(s)$ の単位ステップ入力応答を求めよ。

(3) 開ループ伝達関数が $L(s) = \left(\dfrac{K}{s+1}\right)^3 (K>0)$ であるフィードバック制御系が安定である K の範囲を，ラウス-フルビッツ法およびナイキストの方法で求めよ。

(4) 前問(4)で $K=1.5$ であるとき，ゲイン余裕と位相余裕を求めよ。

(5) 開ループ伝達関数が $L(s) = K\dfrac{e^{-Ts}}{s} (K>0)$ である制御系の安定性条件を求めよ。また，$KT=\pi/6$ であるときの位相余裕を求めよ。

(6) 図 **9.8** のフィードバック制御系で $P(s) = \left(\dfrac{1}{s+10}\right)^2$，$C(s) = 10$ であり，$P(s)$ の乗法的不確かさ $\varDelta(s)$ の上限が

$$|\varDelta(j\omega)| \leq \left|\dfrac{j\omega(j\omega+10)}{100}\right|$$

で与えられるとき，制御系のロバスト安定性を判定せよ。

10 フィードバック制御系の制御性能と周波数特性

9章では,制御系の周波数特性とそれに基づいた安定性解析について説明した。本章では,周波数特性と目標値に対する追従性能の関係について述べる。特に,制御系のロバスト安定性と目標値追従性能がたがいに競合する関係にあることを明らかにする。この事実は,フィードバック制御系の本質的な特性を表しており,これを理解することは,制御系の設計と解析を行ううえで非常に重要である。

10.1 対目標値応答と感度関数,相補感度関数

図 10.1 の制御系で,目標値信号 $r(t)$,外乱 $d(t)$,追従偏差 $e(t)$ のラプラス変換をそれぞれ $R(s)$, $D(s)$, $E(s)$,開ループ伝達関数を $L(s)=P(s)K(s)$ とするとき,$E(s)=R(s)-Y(s)$ は

$$E(s) = \frac{1}{1+L(s)}R(s) + \frac{L(s)}{1+L(s)}D(s)$$
$$= S(s)R(s) + T(s)D(s) \qquad (10.1)$$

で与えられる。ただし

$$S(s) = \frac{1}{1+L(s)}, \quad T(s) = \frac{L(s)}{1+L(s)} \qquad (10.2)$$

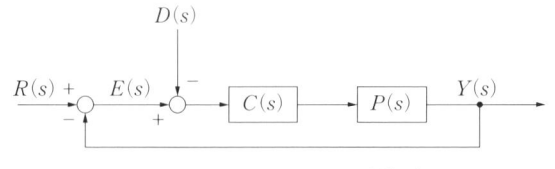

図 10.1 フィードバック制御系

とした。$S(s)$ を**感度関数**という。$T(s)$ はこれまで閉ループ伝達関数と呼んできたが，$S(s)$ と $T(s)$ の間に

$$S(s)+T(s)=1 \tag{10.3}$$

の関係があることから，$T(s)$ を**相補感度関数**ともいう。

制御系の目標は，追従偏差 $e(t)$ を小さくすることであるが，$e(t)$ は $r(t)$ や $d(t)$ の関数であることから，一般的な議論には関数空間の概念や関数や伝達関数のノルムの概念など（**11**章で述べる H_∞ ノルムは一例）など，多くの数学的準備が必要になる。ここでは，こうしたことを避けるため，特別な場合として，目標値 $r(t)$ と外乱 $d(t)$ が角周波数 ω の正弦波であり，しかもシステムは定常状態になっている場合を考える。このとき，追従偏差も角周波数が ω の正弦波となるので，$e(t)$ を小さくすることは振幅を小さくすることになる。

いま，正弦波関数 $r(t)$, $d(t)$ および $e(t)$ の振幅をそれぞれ A_r, A_d, A_e としよう。このとき，式(10.1)から

$$A_e \leq |S(j\omega)|A_r + |T(j\omega)|A_d \tag{10.4}$$

となることが容易に示される（問題(1)）。よって，正弦波入力に対する偏差 $e(t)$ の振幅 A_e を小さくするには，（コントローラ $C(s)$ を適切に選ぶことによって）$|S(j\omega)|$, $|T(j\omega)|$ の値を小さくすることが必要である。

前にも述べたように，実際の目標値信号が正弦波であることはほとんどない。しかし，応用上重要な時間関数は，フーリエ級数やフーリエ変換を通して正弦波の加法あるいは積分で表現できる。このため，一定の角周波数成分に対して，上に示した伝達関数のゲインを十分に小さくできれば，正弦波でない目標値入力や外乱に対しても，追従偏差を小さくすることが可能である。

また，**9**章では制御対象に乗法的モデル化誤差

$$\tilde{P}(s)=(1+\Delta(s))P(s), \quad |\Delta(j\omega)| \leq |W_m(j\omega)| \tag{10.5}$$

がある場合のロバスト安定性条件は

$$\text{すべての周波数 } \omega \text{ で } \left| W_m(j\omega) \frac{L(j\omega)}{1+L(j\omega)} \right| < 1 \qquad 再掲(9.19)$$

であることを述べた。よって，制御系のロバスト安定性のためにも $|T(j\omega)|$ を

小さくすることが必要である。

$S(s)$ を感度関数と呼ぶ理由についても説明しよう。上と同じく，$P(s)$ はノミナルな制御対象の伝達関数，$\tilde{P}(s)$ はモデル誤差を含む伝達関数あるいは変動後の伝達関数とする。また，制御対象の伝達関数が $P(s)$，$\tilde{P}(s)$ である場合の相補感度関数をそれぞれ

$$T(s)=\frac{P(s)C(s)}{1+P(s)C(s)}, \quad \tilde{T}(s)=\frac{\tilde{P}(s)C(s)}{1+\tilde{P}(s)C(s)} \qquad (10.6)$$

で表す。このとき，簡単な計算によって

$$\frac{\tilde{T}(s)-T(s)}{\tilde{T}(s)}=S(s)\frac{\tilde{P}(s)-P(s)}{\tilde{P}(s)} \qquad (10.7)$$

が成り立つことが確かめられる（問題（２））。

式(10.7)は，相補感度関数（＝閉ループ伝達関数）$T(s)$ の変動率が制御対象 $P(s)$ の変動率の $S(s)$ 倍に等しいことを示している。これが $S(s)$ を感度関数と呼ぶ理由である。式(10.7)から，もし $|S(j\omega)|$ の値を十分に小さくできれば（例えば 0.01），閉ループ系の周波数伝達関数 $T(j\omega)$ の変動率は，$P(j\omega)$ の変動率の $|S(j\omega)|$ 倍（0.01 倍）に抑えることができる。これはフィードバック制御の重要な効用を表す。

10.2 感度条件と相補感度条件の競合

9 章で $|S(j\omega)|$，$|T(j\omega)|$ を小さくすることにより

① 外乱の影響を押さえつつ，目標値に対する追従偏差を小さくし，
② ロバスト安定性条件式(9.19)を満たし，かつ
③ 低感度特性を達成できる

ことを示した。すなわち，$|S(j\omega)|$，$|T(j\omega)|$ を小さくすることは，いずれも制御系の性能の改善に役立つ。しかし，実際には $|S(j\omega)|$，$|T(j\omega)|$ の両方を同時に小さくすることすることはできない。これは式(10.3)を見るとすぐにわかる。例えば，$|T(j\omega)| \ll 1$ とすると，$|S(j\omega)| \cong 1$ となり，逆に $|S(j\omega)| \ll 1$ とす

ると，$|T(j\omega)|\cong 1$ となる．また，これは $S(s)$, $T(s)$ の定義式(10.2)によっても明らかである．すなわち，$|S(j\omega)|$ を小さくするには，(コントローラのゲイン $|C(j\omega)|$ を大きくとることによって) $|L(j\omega)|$ を大きくする必要がある．しかし，このことによって $|T(j\omega)|$ の値は 1 に近づく．逆に，$|T(j\omega)|$ の値を 0 に近づけるため $|L(j\omega)| \to 0$ とすると，$|S(j\omega)| \cong 1$ となりフィードバックの効用が消える．すなわち，$|S(j\omega)|$ を小さくすることと $|T(j\omega)|$ を小さくすることは競合関係にある．この競合関係が制御系設計を難しくする点であり，また，面白くする点でもある．

　この競合関係を調整する鍵は，低感度特性が重視される周波数と相補感度を小さくする周波数にずれがあること（あるいはそのようにすること）である．一般に，多くの制御系では，乗法的モデル誤差は低周波数領域で小さく，高周波数領域で大きい．このような場合，モデル誤差が大である高周波数領域では，ロバスト安定性を重視してコントローラのゲインを下げることにより $|L(j\omega)|$ の値を小さくし，モデル誤差が小さい低周波数帯域では，コントローラゲインを大きくして低感度特性を達成することができる．このことから，典型的なフィードバック制御系の開ループ伝達関数のゲイン線図（折れ線近似）は，図 **10.2** に示す概形を有することになる．

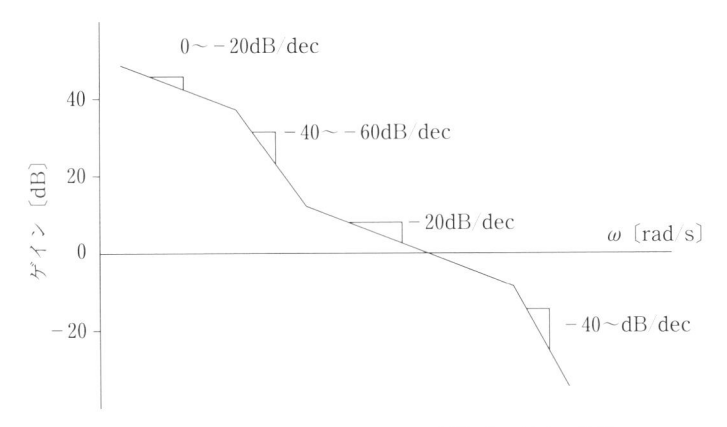

図 **10.2**　典型的なフィードバック制御系のゲイン特性

10.3 ボード線図における不等式制約

いま,制御対象の伝達関数 $P(s)$ の乗法的モデル化誤差の上限関数 $|W_m(j\omega)|$ が,図 *10.3* の破線で示されるように,低周波領域で十分に小さく,高周波領域で大きい場合を考える。

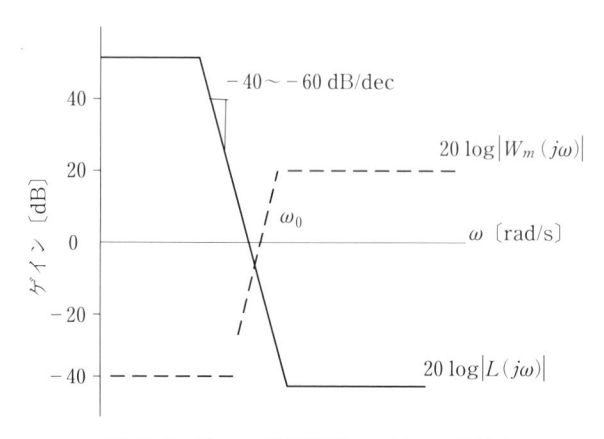

図 *10.3* 開ループ伝達関数のゲインの急減少

このとき,できるだけ広い帯域で低感度特性を達成するためには,モデル化誤差の小さい周波数領域(図 *10.3* の ω_0 以下)で $L(j\omega)$ のゲイン $|L(j\omega)|$ を大きく保ち,ω_0 付近で $|L(j\omega)|$ を急減少させることによりロバスト安定性条件を満たすようにすれば都合がよいように見える。しかし,一般に伝達関数のゲインを急減少させると位相の遅れが大きくなり,制御系は不安定になる。

これは,伝達関数のゲインと位相の密接な関係を述べたつぎの定理 *10.1* によって説明される。

【定理 *10.1*】 ボードの定理

$G(s)$ は,原点極以外のすべての極と零点を複素平面の左平面内にもつ(実部が負)と仮定する。このとき,$G(s)$ の位相 $\angle G(j\omega)$ はゲイン $|G(j\omega)|$ によって一意に定まり

$$\angle G(j\omega) = \frac{180}{\pi^2} \int_{-\infty}^{\infty} \frac{d \ln(|G(jv)|)}{du} \ln \coth\left(\frac{|u|}{2}\right) du \qquad (10.8)$$

$$u = \ln\left(\frac{v}{\omega}\right), \quad v = e^u \omega$$

で与えられる。

積分式の第1項を

$$\frac{d \ln(|G(jv)|)}{du} = \frac{1}{20} \frac{d(20 \log(|G(jv)|)}{d(\log(v))} \qquad (10.9)$$

と書き換えてみればわかるように，定理10.1は，$\angle G(j\omega)$が，ゲイン線図の傾きの重みつき平均により与えられることを示している。このとき，重み関数は

$$\frac{1}{20} \ln \coth\left(\frac{(|u|)}{2}\right) \qquad (10.10)$$

であり，関数$\rho(u) = \ln \coth\left(\frac{(|u|)}{2}\right)$のグラフは**図10.4**で表される。図から，$\rho(u)$は$u=0$（すなわち$v=\omega$）の近傍で大きな値をとり，$u=0$から離れると値は急速に小さくなる。よって，式(10.8)の重みつき平均では，周波数$v=\omega$の近傍のゲインの傾きが$\angle G(j\omega)$に最も大きな影響を与え，vがωから離れるとゲインの傾きの影響は急速に小さくなる。

したがって，**図10.3**のように開ループ伝達関数の交差周波数近傍におけるゲイン$|L(j\omega)|$を急減少させようとすると，ボードの定理により，その近傍の

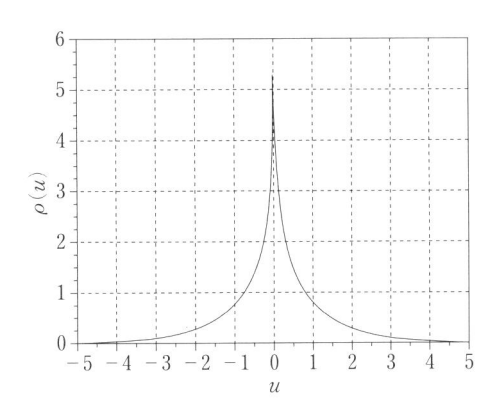

図10.4 $\rho(u)$のグラフ

位相の遅れは大きくなり（例えば，ゲインの傾きが -40dB/dec のとき位相遅れは $-180°$，-60dB/dec のとき $-270°$ に近づく），十分な位相余裕がとれなかったり，あるいは位相遅れが $180°$ 以上となって制御系が不安定になったりする。図 *10.2* に典型的なフィードバック制御系の開ループ伝達関数のゲイン線図を示したが，交差周波数の近傍の傾きが -20dB/dec となっているのはこの理由による。

例 *10.1* ゲインが同じで位相が異なる例

$G(s)$ の極と零点に関する仮定がないと，定理 *10.1* はもはや成立しない。例えば，伝達関数

$$\frac{1}{1+s}, \quad \frac{1}{1+s}\frac{(a-s)^n}{(a+s)^n}, \quad \frac{1}{1+s}e^{-Ts} \quad (a, T>0) \tag{10.11}$$

はすべて同じゲイン特性をもつが，位相特性は異なる（問題（３））。

一般に，伝達関数の極と零点の実部がすべて負であるシステムを**最小位相推移系**，それ以外を非最小位相推移系という。最小位相推移系は，同じゲイン特性を有する安定な伝達関数のなかで位相の遅れが最も小さいものを表している。上の例では，最初の伝達関数が最小位相推移系，他は非最小推移系の伝達関数を示す。

定理 *10.1* 以外にも，制御系の周波数特性が満たすべき条件式がいくつか知られている。つぎの定理 *10.2* は感度関数に関するものである。

【定理 *10.2*】 感度関数に関するボードの定理

図 *10.1* のフィードバック制御系は安定，かつ開ループ伝達関数 $L(s)=P(s)C(s)$ の極と零点は定理 *10.1* の $G(s)$ と同じ条件を満たし，さらに相対次数（分母次数と分子次数の差）を n_r とする。このとき

$$\int_0^\infty \ln|S(j\omega)|d\omega = \begin{cases} 0 & (n_r>1) \\ -\kappa\frac{\pi}{2}, \quad \kappa=\lim_{s\to\infty}G(s) & (n_r=1) \end{cases} \tag{10.12}$$

が成立する。 ♠

$L(s)$ の相対次数 n_r が 2 以上のとき，式 (10.12) により，$\ln|S(j\omega)|$ の全周

波数にわたる積分は0である。したがって，ある周波数領域で感度特性を改善するために $|S(j\omega)|$ の値を小さくすると，他の領域でその分だけ $|S(j\omega)|$ の値が大きくなり感度特性は劣化する。これはウォータベッドの水の動きに似ていることから，感度関数のウォータベッド効果と呼んでいる。

10.4 応答の速さと周波数特性

開ループ伝達関数の周波数特性 $L(j\omega)$ によって，フィードバック制御系の応答の速さの目安を簡単に得ることができる。これには，**図 10.5** の破線で示すように，ゲイン線図の交差周波数を ω_c として，$L(s)$ を

$$\widehat{L}(s)=\frac{\omega_c}{s} \tag{10.13}$$

で近似する（**図 10.5** の破線）。このとき，近似系の閉ループ伝達関数は

$$\widehat{W}(s)=\frac{\widehat{L}(s)}{1+\widehat{L}(s)}=\frac{\omega_c}{s+\omega_c}$$

であるので，インディシャル応答（単位ステップ入力に対する応答）は

$$y(t)=L^{-1}\left\{\frac{\omega_c}{(s+\omega_c)}\frac{1}{s}\right\}=L^{-1}\left\{\frac{1}{s}-\frac{1}{(s+\omega_c)}\right\}=1-e^{-\omega_c t}$$

となる。よって，ω_c は応答の速さを表すパラメータであり，$t=1/\omega_c$ は $y(t)$ が最終値（=1）の約63%に達する時間を表している。交差周波数 ω_c が大き

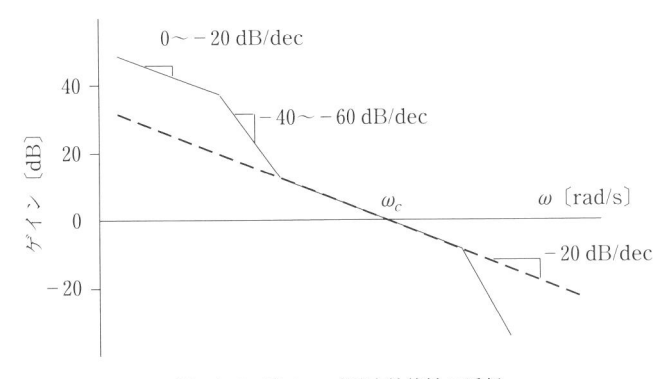

図 10.5 開ループ周波数特性の近似

表 10.1 周波数特性と制御性能の関係

	閉ループ特性	開ループ特性
ロバスト安定性	補感度関数が式(9.19)を満たすようにする。$|W_m(j\omega)|$はモデルの不確かさの上界で,通常,高周波域で大きい。	開ループゲインを高周波域で小さくする。
低感度特性	感度関数の値を小さくする。	ロバスト安定性を害さない周波数域（通常低周波数域）でゲインを大きくする。
閉ループ系の速応性	帯域幅を大きくする（説明は省略）。	交差周波数 ω_c を大きくする。
振動の減衰性	ピークゲインを小さくする。	位相余裕・ゲイン余裕を大きくする（これらが小さいと振動的である）。

いほど応答は速く，ω_c が小さいと応答は遅い。

さて，本章で述べたおもな結果を**表 10.1**にまとめる。

問　　題

（1）　式(10.4)を証明せよ。
（2）　式(10.7)を証明せよ。
（3）　例 10.1 を確かめよ。

11 周波数応答法による制御系設計

周波数応答法では，設計仕様に応じて制御系の開ループゲインや位相の大きさを調整することで行う。これをループシェイピングという。本章ではループシェイピングの視点から，周波数応答法の代表的な設計法である位相進み・遅れ補償法と，PID調節器による方法について説明し，さらに近年になって開発された状態方程式でループシェイピングを行う H_∞ 制御について解説する。

11.1 位相進み・遅れ補償

本手法は，ゲイン補償器，位相進み補償器，および位相遅れ補償器の3種類の補償要素を組み合わせることによってループシェイピングを行う。簡単な例を用いて説明することにしよう。

【直流サーボモータ】

図 *11.1* の直流サーボモータの回転角制御を考える。図のように，電気子回路の端子電圧を $u(t)$，電流を $i_a(t)$，負荷の回転角を $y(t)$ とする。また，回路抵抗を R_a，インダクタンスを L_a，軸を含む負荷の慣性モーメントを J，回転

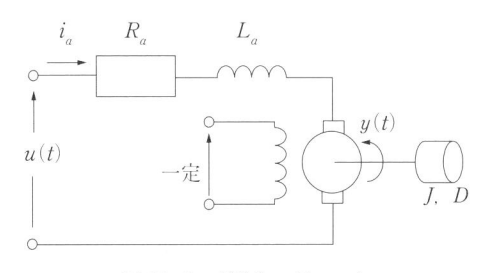

図 *11.1* 直流サーボモータ

粘性抵抗係数を D, 逆起電力係数（＝トルク係数）を K_e とする．このとき，電気回路の電圧に関するつり合い式，および回転負荷に関する運動方程式から

$$\left. \begin{array}{l} L_a \dfrac{di(t)}{dt} + R_a i(t) + K_e \dfrac{dy(t)}{dt} = u(t) \\[2mm] J \dfrac{d^2 y(t)}{dt^2} + D \dfrac{dy(t)}{dt} = K_e i(t) \end{array} \right\} \tag{11.1}$$

が成り立つ．ここで

$$Y(s) = \mathcal{L}(y(t)), \quad I(s) = \mathcal{L}(i(t)), \quad U(s) = \mathcal{L}(u(t))$$

とおき，初期値を 0 として両辺をラプラス変換し $I(s)$ を消去すると，モータの伝達関数が得られ

$$Y(s) = P(s) U(s)$$

$$P(s) = \dfrac{K_e}{s\{(L_a s + R_a)(Js + D) + K_e^2\}}$$

となる．これの分母を因数分解し

$$P(s) = \dfrac{K_m}{s(T_m s + 1)(T_a s + 1)} \tag{11.2}$$

とおく．以下では例として $K_m = 1$, $T_m = 1$, $T_a = 0.1$ とする．

さて，このモータに対して図 **11.2** のフィードバック制御系を構成する．$C(s)$ はコントローラの伝達関数，$R(s)$ は回転角の目標値 $r(t)$ のラプラス変換を表す．以下では，制御系の満たすべき性能として

① ステップ目標値に対して速やかに追従し（速応性），かつ

② 目標値に対する行きすぎ量が適正な範囲内であること（減衰特性），

③ ランプ状の目標値に対する定常偏差が小さいこと（定常特性）

を考え，$C(s)$ を設計する．

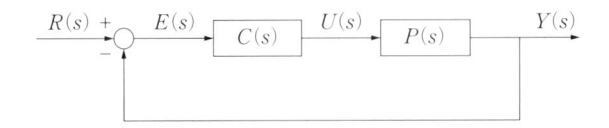

図 **11.2** 直結フィードバック制御系のブロック線図

〔1〕 **ゲイン補償器**　ゲイン補償器は単に偏差 $e(t)$ の定数倍を出力するだけであり，伝達関数は

$$C_g(s) = K_g \qquad (11.3)$$

で与えられる。したがって，開ループ伝達関数は

$$L(s) = P(s)C_g(s) = \frac{K_g}{s(1+s)(1+0.1s)}$$

となる。ここでは，試みに $K_g = 0.5$, 1, 5 の3通りの値を選ぶ。このとき，開ループ伝達関数のボード線図を描くと**図 11.3** となる。

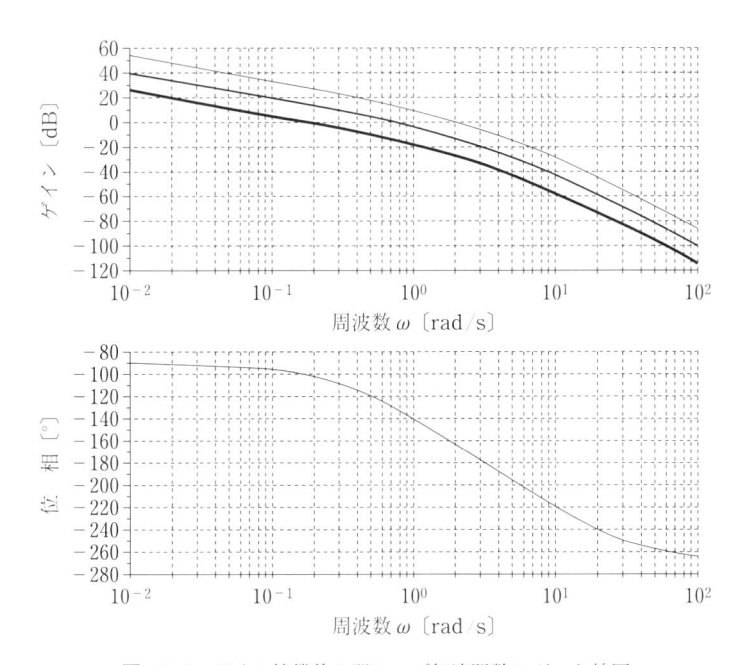

図 11.3 ゲイン補償後の開ループ伝達関数のボード線図

図から

ゲイン余裕 g_m，位相余裕 p_m，および交差周波数 ω_c はそれぞれ

① $K_g = 0.2$ のとき $g_m = 34\mathrm{dB}$, $p_m = 77°$, $\omega_c = 0.2\mathrm{rad/s}$
② $K_g = 1.0$ のとき $g_m = 20\mathrm{dB}$, $p_m = 47°$, $\omega_c = 0.78\mathrm{rad/s}$
③ $K_g = 5.0$ のとき $g_m = 6.8\mathrm{dB}$, $p_m = 14°$, $\omega_c = 2.1\mathrm{rad/s}$

となり，いずれの場合もナイキストの安定判別法から制御系は安定であることがわかる。

これらを，9章に示したゲイン余裕と位相余裕の一般的な望ましい値と比較すると，②はほぼ適切であるが，①は g_m, p_m ともやや大きすぎであり，③は小さすぎる。このため，制御系の過渡応答は，①は過制動（オーバーダンピング）であり，③は反対に振動的すぎることが推測される。実際，**図 11.4** のシミュレーション結果はこれらの推測が正しいことを示している。

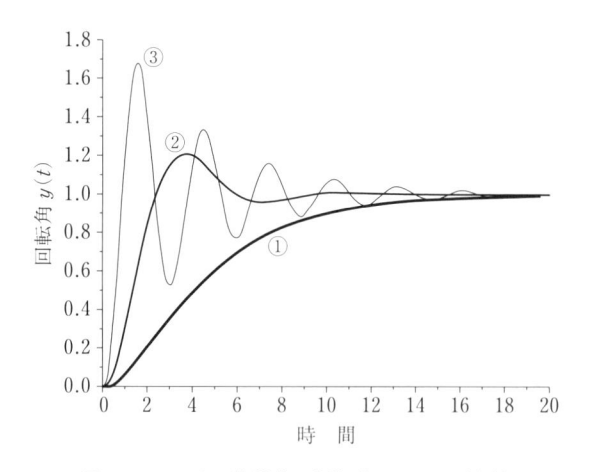

図 11.4 ゲイン補償後の制御系のステップ応答

〔2〕 **位相進み補償** さて，〔1〕の結果，ゲイン補償 ($K_g=1.0$) はある程度満足な制御性能を与えることがわかった。ただし，応答の速さに注目すると③のほうが速い。したがって，もし何らかの方法で③のゲイン余裕と位相余裕を改善し，振動を抑制できるならより好ましい。そこで，以下では③の $K_g=5$ を選び，ゲイン余裕と位相余裕を改善することを試みよう。

上述の目的のために使用される補償器として，位相進み補償器が知られている。補償器の伝達関数は

$$C_a(s) = \frac{1+Ts}{1+\alpha Ts} \qquad (0<\alpha<1) \tag{11.4}$$

で与えられる。ボード線図を**図 11.5** に示す。

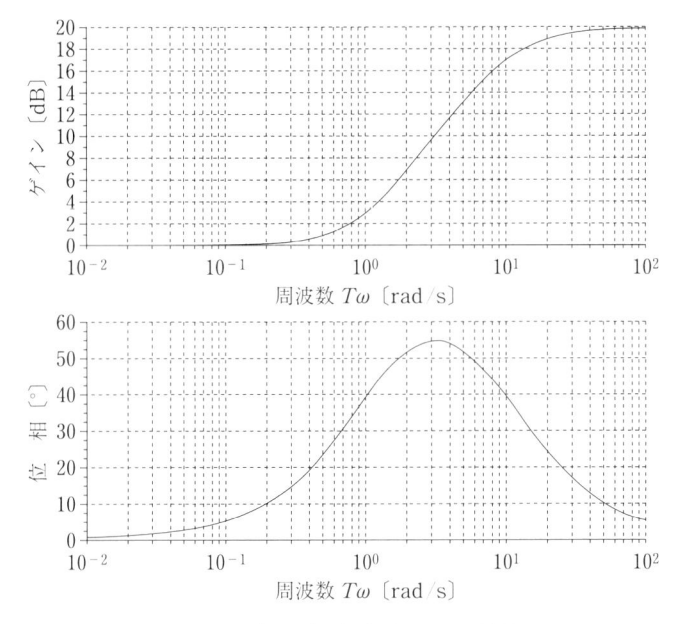

図 11.5 位相進み補償器のボード線図

図からわかるように，すべての角周波数で位相角は正である．また簡単な計算により，角周波数が $\omega_m = 1/(\sqrt{\alpha}T)$ のとき，位相は最大の進み角

$$\phi_m = \tan^{-1}\frac{1-\alpha}{2\sqrt{\alpha}} \qquad (0 < \phi_m < 90°) \tag{11.5}$$

をとる．このときのゲインは $20\log|K_a(j\omega_m)| = -10\log\alpha$ である．

この補償器をゲイン補償器と直列に用いると，開ループ伝達関数は

$$L_{ga}(s) = P(s)C_g C_a(s) = \frac{K_g(1+Ts)}{s(1+s)(1+0.1s)(1+\alpha Ts)} \tag{11.6}$$

となり，ボード線図（ゲイン線図および位相線図）は，$P(s)K_g$ のボード線図（**図 11.3**）と $C_a(s)$ のボード線図（**図 11.5**）をそれぞれ図上で加えたものに等しい．このため，$C_a(s)$ の位相進み特性によって $P(s)K_g$ の交差周波数の近傍の位相を進めることができる（**図 11.6**）．$C_a(s)$ のパラメータ α，T の具体的な決め方は，以下のとおりである．

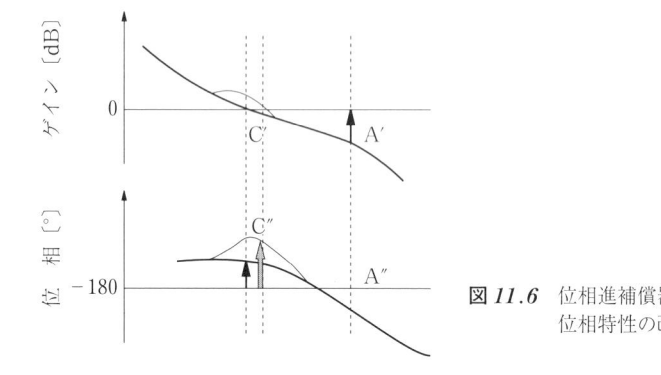

図 11.6 位相進補償器による位相特性の改善

　まず $L_{ga}(s)$ の望ましい位相進み角を決める。ここでは 50° とする。ゲイン補償（$K_g=5$）だけによる場合の位相余裕は 14° であったので，位相進み補償器によって位相を 50°−14°=36° だけ進める必要がある。ただし，**図 11.6** からわかるように，位相進み補償によって交差周波数が若干大きくなる（右側に移動）。このため位相の遅れが若干大きくなる（5°〜12°）ことを考慮して，ここでは位相進み補償器の位相進み角 ϕ_m を 36°+12°=48° とする。これを式 (11.5) に代入すれば $\alpha=0.147$ が得られる。また，位相進み補償器が最大進み角 ϕ_m を与える角周波数 ω_m が $L_{ga}(s)$ の交差周波数と一致するようにする。この条件は

$$20 \log |L_a(j\omega_m)| + 10 \log \frac{1}{\alpha} = 0 \tag{11.7}$$

で与えられる。これに $\alpha=0.147$ を代入し，**図 11.3** を用いれば，$\omega_{cga}=3.4$ が得られる。最後に $T=1/(\sqrt{\alpha}\,\omega_{cga})$ により $T=0.76$ を得る。したがって，位相進み補償器の伝達関数は

$$C_a(s) = \frac{1+0.76s}{1+0.11s}$$

となる。

　上記の位相進み補償器を採用したときの，開ループ伝達関数 $L_{ga}(s)$ のボード線図を**図 11.7** に示す。図から，位相余裕 45° が達成されていることがわかる。また，フィードバック制御系のステップ応答を**図 11.8** に示す。図によ

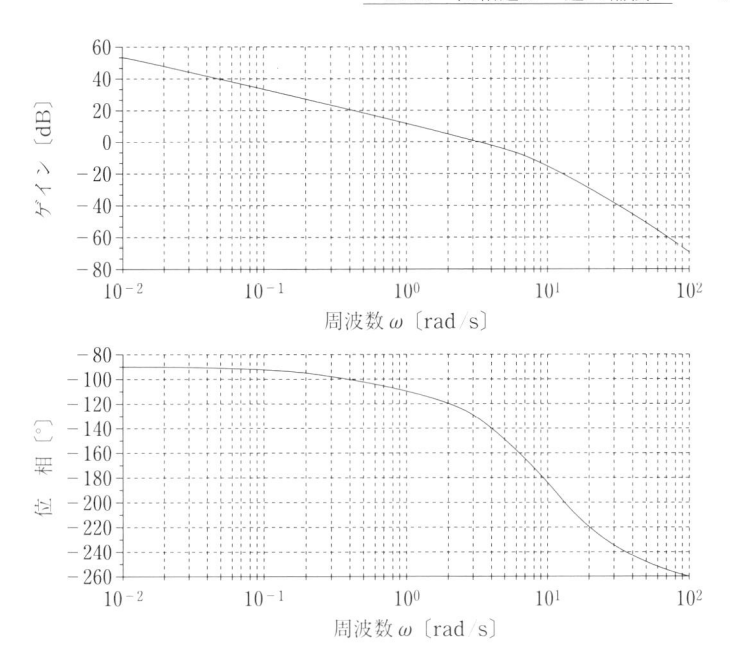

図 11.7 位相進み補償後のボード線図

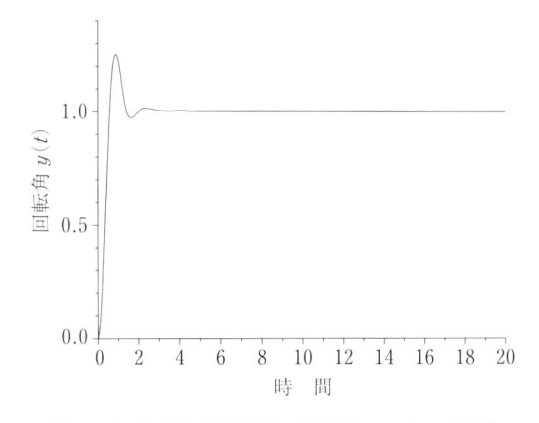

図 11.8 位相進み補償後の制御系のステップ応答

り,減衰性が大幅に改善されたことが確かめられる.

〔**3**〕 **位相遅れ補償** 〔2〕で設計された補償器を採用した場合,ランプ入力に対する定常偏差は

$$e(\infty) = \lim_{s \to 0} s \frac{1}{1+L_{ga}(s)} \frac{1}{s^2} = 0.2$$

である。これを 1/10 程度にしよう。この目的には位相遅れ補償器を用いることができる。伝達関数は

$$C_l(s) = \frac{1}{\beta} \frac{1+\beta Ts}{1+Ts} \qquad (0<\beta<1) \tag{11.8}$$

で与えられる。$\beta=0.1$ の場合のボード線図を図 **11.9** に示す。図からわかるように，位相遅れ補償器は，低周波数領域でゲインは大きく（$20\log(1/\beta)$〔dB〕>0），高周波数領域で 0 dB である。位相は $1/(\beta T)<\omega<1/T$ の範囲で遅れる。位相遅れ補償はこれらの特性のうちのゲイン特性を利用する。位相の遅れは一般に制御系の位相余裕・ゲイン余裕を悪化させる恐れがあるので，これを考慮して，補償器のパラメータ β, T を決める必要がある。

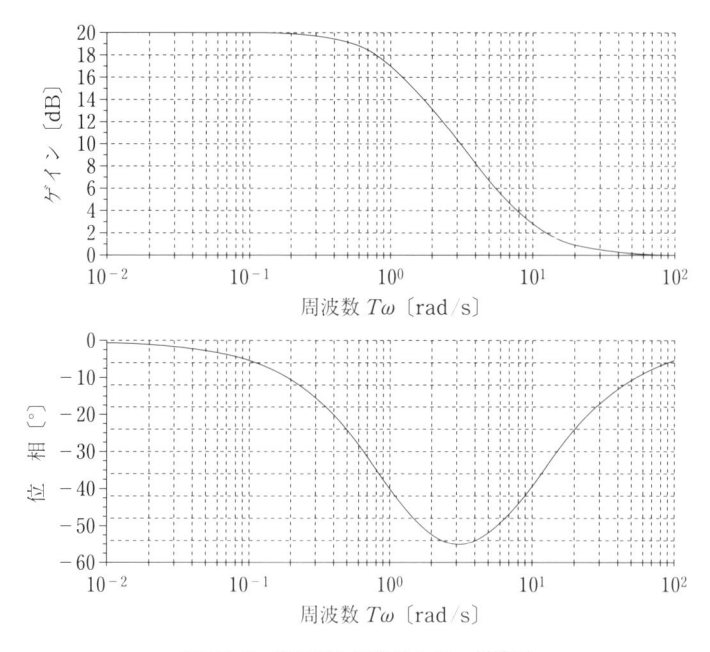

図 **11.9** 位相遅れ補償器のボード線図

11.1 位相進み・遅れ補償

位相遅れ補償器を〔2〕で求めた位相進み補償器と直列に用いる。このとき，開ループ伝達関数は

$$L_{gal}(s) = L_{ga}(s)C_l(s) = L_{ga}(s)\frac{1}{\beta}\frac{1+\beta Ts}{1+Ts} \tag{11.9}$$

であるので，最終値定理により定常速度偏差は 0.2β になる。したがって $\beta=0.1$ と選ぶと，目標は達成される。ただし，$C_l(s)$ の位相遅れ特性により，開ループ系の位相余裕・ゲイン余裕が減少する恐れがある。これを抑えるには，図 **11.9** からわかるように，位相遅れ補償器の高周波数側の折れ点角周波数 $1/(\beta T)$ が，開ループ伝達関数 $L_{ga}(s)$ の交差周波数 $\omega_c=3.45\mathrm{rad/s}$ から十分に〔$1/(\beta T)$ は ω_c は $1/10$ 以下〕離れているように選ぶとよい。ここでは $1/(\beta T)=\omega_c/10$ とする。これから，$T=29$ を得る。したがって，位相遅れ補償器の伝達関数は

$$C_l(s) = 10\frac{1+2.9s}{1+29s}$$

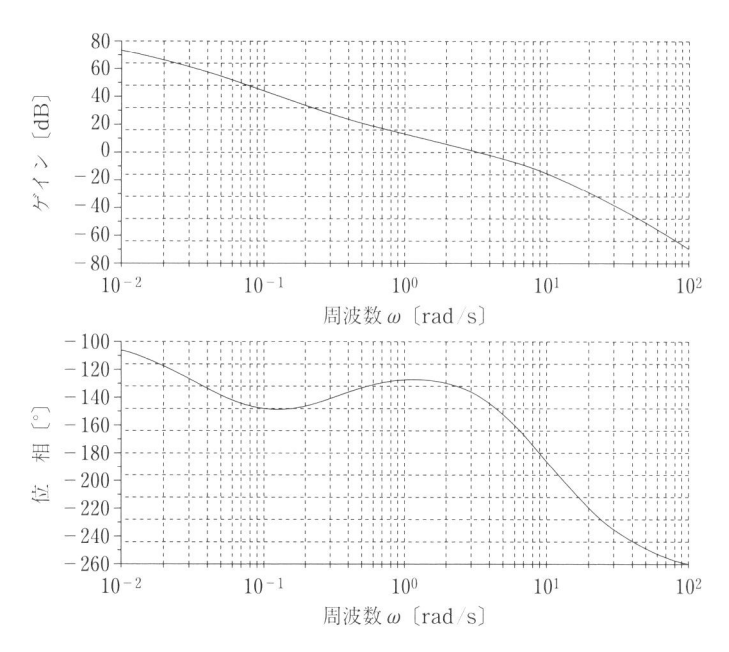

図 **11.10** ボード線図（位相進み・遅れ補償）

が得られる。

以上で,位相進み・遅れ補償器の設計が完了した。求めた補償器の伝達関数は

$$C(s) = C_g C_a(s) C_b(s) = 50 \frac{(1+0.76s)}{(1+0.11s)} \frac{(1+2.9s)}{(1+29s)} \qquad (11.10)$$

で与えられる。この補償器を用いたときの,開ループ制御系のボード線図を**図11.10**に示す。図から,設計された制御系の交差周波数は3.47rad/s,位相余裕およびゲイン余裕はそれぞれ42°,12.8dBである。また,**図11.11**のステップ応答からわかるように,ゲイン補償だけによる場合より,減衰性を保ちつつ速応性が著しく改善されていることがわかる。

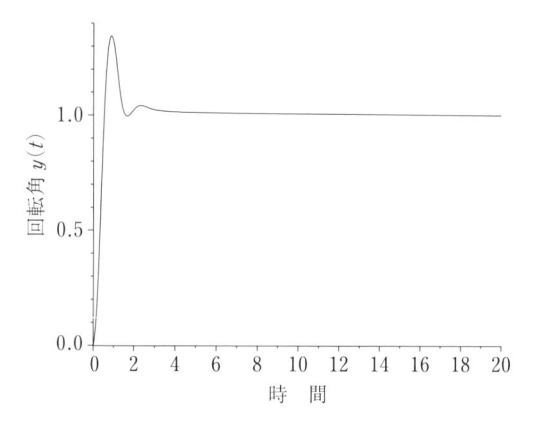

図11.11 ステップ応答(位相進み・遅れ補償)

11.2 H_∞ 制 御

H_∞制御理論に基づく制御系設計の手法は,制御系の周波数特性に関する仕様を伝達関数によって具体的に表現し,それを満足するコントローラをコンピュータによる直接的な計算によって求めようとする方法で,1980年代の後半に急速に発展した。本節では,応用上も重要な混合感度問題と呼ばれている問題を中心にして,H_∞制御理論の基本的な考え方を説明する。

H_∞制御の名称は，安定な伝達関数$H(s)$の"大きさ"をH_∞ノルムと呼ばれるつぎの尺度

$$\|H\|_\infty = \sup_\omega |H(j\omega)| \tag{11.11}$$

で表すことに由来している。すなわち，$\|H\|_\infty$は$H(s)$のゲインの最大値を表す。また，H_∞ノルムは伝達関数を要素とする伝達関数行列やベクトルにも定義される。$H(s)$が行列の場合には

$$\|H\|_\infty = \sup_\omega \sqrt{\lambda_{\max}(H^*(j\omega)H(j\omega))}$$

で与えられる。$\lambda_{\max}$は行列の最大固有値，$H^*(j\omega)$は$H(j\omega)$の共役転置行列を示す。特に$H(s) = \begin{bmatrix} H_1(s) \\ H_2(s) \end{bmatrix}$のときには

$$\|H\|_\infty = \sup_\omega \sqrt{|H_1(j\omega)|^2 + |H_2(j\omega)|^2} \tag{11.12}$$

となる。

例11.1 伝達関数のH_∞ノルム

$$\left\|\frac{1}{s+1}\right\|_\infty = 1, \quad \left\|\frac{s+2}{s+1}\right\|_\infty = 2, \quad \left\|\frac{1}{s^2+s+1}\right\|_\infty = \frac{2}{\sqrt{3}},$$

$$\left\|\begin{bmatrix} \dfrac{1}{s+1} & \dfrac{s+2}{s+1} \end{bmatrix}\right\|_\infty = \sqrt{5}$$

さて，このH_∞ノルムを用いると，ロバスト安定性に関する条件式(9.19)は

$$\|W_m T\|_\infty < 1, \quad T(s) = \frac{P(s)C(s)}{1+P(s)C(s)} \tag{11.13}$$

と表すことができる。さらに，低感度条件も同様な関係式

$$\|W_s S\|_\infty < 1, \quad S(s) = \frac{1}{1+P(s)C(s)} \tag{11.14}$$

によって表す。ここで，$W_s(s)$は低感度条件に応じて設計者が設定する伝達関数を表す。このとき式(11.14)は任意の周波数ωで

$$|S(j\omega)| < \frac{1}{|W_s(j\omega)|}$$

となることと等価であるので，低感度にするには$|W_s(j\omega)|$の値が大きい伝達

関数を選べばよい。このとき，**10.2**節で述べたように，低感度条件とロバスト安定性条件は競合関係にあるため，乗法的モデル誤差が大きい（$|W_m(j\omega)|$ が大）周波数領域（一般に高周波数領域）では低感度にできない。したがって，一般的に $|W_s(j\omega)|$ は低周波数領域で大きな値をとり，高周波数領域で小さな値をとるものが選ばれる。また，一般性を失うことなく $W_s(s)$，$W_m(s)$ は安定な伝達関数を選ぶことができる。

さて，以上のようにロバスト安定性条件式(*11.13*)と低感度条件式(*11.14*)が与えられたとき，これらをひとつにまとめた条件式

$$\left\| \begin{bmatrix} W_s S \\ W_m T \end{bmatrix} \right\|_\infty = \sup_\omega \sqrt{|W_s(j\omega)S(j\omega)|^2 + |W_m(j\omega)T(j\omega)|^2} < 1 \quad (11.15)$$

を考える。式(*11.15*)により，式(*11.3*)と式(*11.4*)が成立することは明らかである。よって，式(*11.15*)はロバスト安定性と低感度条件に対する十分条件となっている。また，左辺に含まれる伝達関数行列を $\Phi(s)$ とおき，感度関数と相補感動関数の定義を代入すると

$$\Phi(s) = \begin{bmatrix} W_s(s)S(s) \\ W_m(s)T(s) \end{bmatrix} = \begin{bmatrix} W_s(s) \times 1/(1+P(s)C(s)) \\ W_m(s) \times P(s)C(s)/(1+P(s)C(s)) \end{bmatrix} \quad (11.16)$$

となる。すなわち，$\Phi(s)$ は図 **11.12** のブロック線図で，目標値入力 $W(s)$ から $Z_1(s)$ および $Z_2(s)$ までの伝達関数を表している。

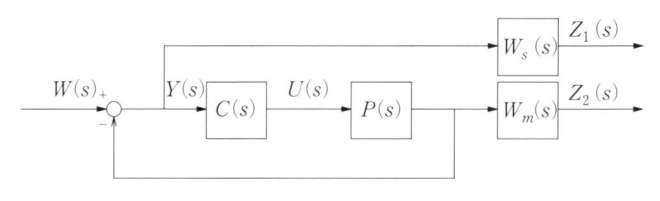

図 11.12 混合感度問題

したがって，低感度条件とロバスト安定性条件を満たす制御系の設計問題は，$\Phi(s)$ の H_∞ ノルムを 1 未満にし，かつ制御系を安定化するコントローラ $C(s)$ を見いだす問題として定式化される。この問題は混合感度問題と呼ばれている。なお，H_∞ 制御問題の文献では，図 **11.12** のように，変数の取り方が

通常とは異なり，$Y(s)$ はコントローラへの入力変数（観測信号），$W(s)$ は目標値信号や外乱などシステム外部からの変数（外生信号），$U(s)$ は制御信号，$Z(s)$ は被制御量を表すことが多い．

混合感度問題を一般化することにより，標準的な H_∞ 制御問題は**図 11.12** を一般化した**図 11.13** のブロック線図により表される．図中の $G(s)$ は一般化制御対象と呼ばれ，実際の制御対象と周波数重み関数を含んだ伝達関数行列を表している．例えば，混合感度問題では

$$G(s) = \begin{bmatrix} W_s(s) & -W_s(s)P(s) \\ 0 & W_m(s)P(s) \\ 1 & -P(s) \end{bmatrix} \tag{11.17}$$

である．設計問題は，**図 11.13** の制御系を安定化し，かつ外生信号 $W(s)$ から被制御量 $Z(s)$（多入力，多出力でもよい）までの伝達関数（行列）の H_∞ ノルムを，1 未満（一般には γ 未満）にするコントローラ $C(s)$ を設計する問題として定式化される．

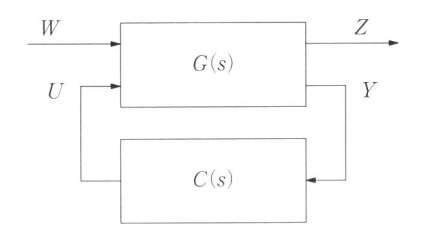

図 11.13 一般化プラントと H_∞ 制御

H_∞ 問題の代表的な解法としては，リカッチ方程式を用いた理論解による方法や線形行列不等式（linear matrix inequality, LMI）による数値的な解法がよく知られている．本書ではこれらについて述べることはできないので，関心のある読者は他の成書を見られたい[34]〜[37]．実際の制御系設計ではいったん問題の定式化がなされれば，その後は Matlab や Scilab などの強力な CAD を用いることにより，設計者は解法の詳細に立ち入ることなく，コントローラの設計が可能である．

11.3 PID 補償

制御系の設計で古くから知られ，現在でも広い分野で利用されている補償器として PID 調節器がある。

制御系の構造は図 **11.2** と同じで，補償器への入力は追従偏差 $E(s)$，補償器の出力は制御対象への入力 $U(s)$ で，PID 調節器の伝達関数は

$$C(s) = K_P\left(1 + \frac{1}{T_I s} + T_D s\right) \tag{11.18}$$

で与えられる。よって，調節器の入出力関係を時間領域で表せば

$$u(t) = K_P\left\{e(t) + \frac{1}{T_I}\int^t e(\tau)d\tau + T_D \frac{d}{dt}e(t)\right\} \tag{11.19}$$

と書ける。ここで，K_P, T_I, T_D はそれぞれ比例ゲイン，積分時間，微分時間と呼ばれ，制御系の設計者が決定すべきパラメータである。PID の名称は比例，積分，微分のそれぞれの英文名 proportion, integration, differentiation の頭文字を表している。PID 調節器を用いた制御のことを PID 制御という。また，その特別な場合として，比例だけを用いる場合（$T_I = \infty$，$T_D = 0$）を P 制御，比例と積分を用いる場合を PI 制御，比例と微分を用いる制御を PD 制御という。

比例動作は偏差に比例した修正信号を出すだけである。このため，P 制御では一定の定常偏差（オフセット）が残る場合がある。この場合，PI 制御を用いると，偏差の積分値がフィードバックされるのでオフセットをなくすことができる。PD 制御では，偏差の微分値がフィードバックされるため目標値変化への素早い対応に役立つ。しかし，ノイズへの影響が大きくなるのでその対策が一般に必要になる。PID 調節器のボード線図を図 **11.14** に示す。図からわかるように，低い周波数で大きなゲインをもち，移相は 90° 遅れである。一方，高い周波数領域では移相が 90° 進められるので安定余裕の改善に役立つ。ただし，ゲインも大きくなるのでロバスト安定性は減少する。

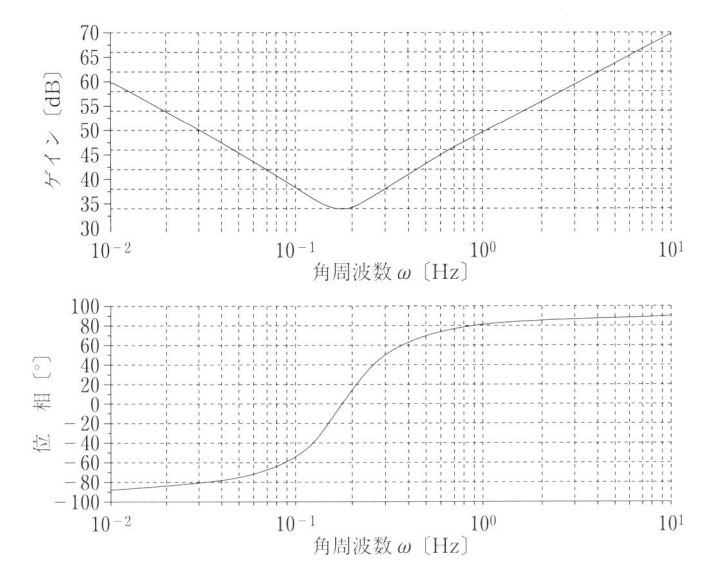

図 11.14 PID 調節器のボード線図

パラメータ K_P, T_I, T_D の決める簡便な手法として，以下に述べる Ziegler-Nichols の方法がよく知られている．これは制御対象のステップ応答やゲイン調整をもとにした実践的な方法で，制御対象の特別なモデルを必要としないことが大きな特徴である．ただし，簡便であるがゆえに必ずしもいつもうまくゆく保証はなく，通常はさらに現場での試行錯誤が必要になる．また，PID制御は3つのパラメータで決められる簡単な制御なので，適用できる制御対象に制限がある．このため，本書では述べないが，非線形性への対処法や最適性を考慮した方法も多数提案されている．

【Ziegler-Nichols の方法】

〔 *1* 〕 **過渡応答法** 本手法では，制御対象のステップ入力に対する過渡応答が**図 11.15** の(a)，(b)のいずれかの形をもつとき，図示のように遅れ時間 L, 時定数 T, およびゲイン K を求め，制御対象の伝達関数を

(a) 定位型 $P(s)=\dfrac{Ke^{-sL}}{1+Ts}$, ($b$) 無定位型 $P(s)=\dfrac{Re^{-sL}}{s}$ (11.20)

(a) 定位型　　　　　　　(b) 無定位型

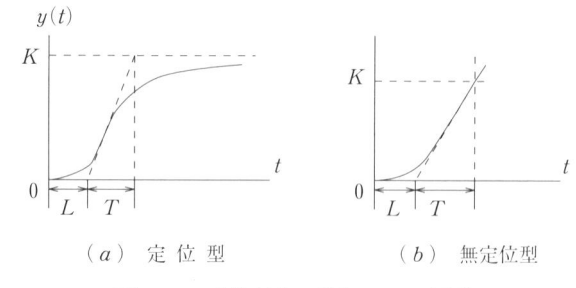

図 11.15 制御対象の単位ステップ応答

表 11.1 過渡応答法によるパラメータの決定

	K_P	T_I	T_D
P 制御	$1/(RL)$	∞	0
PI 制御	$0.9/(RL)$	$L/0.3$	0
PID 制御	$1.2/(RL)$	$2L$	$0.5L$

によって近似的に表現する。ただし，$R=K/T$ である。これらをもとにして，PID 調節器のパラメータは**表 11.1** によって決定される。

〔2〕**限界感度法**　　まず，P 動作だけにして（$T_I=\infty$，$T_D=0$）ゲイン K_P を 0 から徐々に大きくする。このとき，制御系は振動的になり，やがて持続振動が生じるようになる。このときの K_P の値を K_{P0}，持続振動の周期を T_0 とする。これらの値をもとにして，PID 調節器のパラメータは**表 11.2** によって求められる。

表 11.2 限界感度法によるパラメータの決定

	K_P	T_I	T_D
P 制御	$0.5\,K_{P0}$	∞	0
PI 制御	$0.45K_{P0}$	$T_0/1.2$	0
PID 制御	$0.6\,K_{P0}$	$0.5T_0$	$T_0/8$

問　　　題

(1) **11.1**節の直流モータで，$u(t)$ を入力，$y(t)$ を出力として状態方程式を表せ．
(2) **11.1**節の直流モータのフィードバック制御系に対してゲイン補償を行ったとき，制御系が安定である K_g の範囲を求めよ．
(3) 式(11.7)を確かめよ．
(4) 伝達関数が $P(s) = \dfrac{1}{(s+1)} e^{(-3\pi/4)s}$ である制御対象に対して，ステップ応答法および限界感度法によって PID コントローラを設計せよ．
(5) 混合感度問題において
$$P(s) = \frac{10}{s+10}, \quad W_T(s) = s+20, \quad W_S(s) = \frac{100}{s+1}$$
とするとき，**図11.13** の一般化制御対象の伝達関数行列，およびそれの状態方程式表現を求めよ．

12

非線形システム

12.1 非線形システムの線形化

　本書では式(2.1), (2.2)で制御対象の性質が記述できるものとして理論を組み立ててきたが，実在の制御対象（これを**実システム**呼ぶ）の動作はこのような簡単な方程式で表されるものではない。実際，制御対象のなかで生じている物理現象についての書物をひもといてみれば，多くの場合，非線形関数を含んだ高階の常微分または偏微分方程式を見いだすことになる。そのような知識を利用して本書にある制御系設計法を適用するためには，まず，方程式を（制御系設計という目的に絞って）簡単化して，式(2.1), (2.2)のような形に直しておかなければならない。ここでは，制御対象の性質が1階の非線形連立常微分方程式で表せるときに，それを式(2.1), (2.2)の形に直す（これを**非線形システムの線形化**という）方法を説明する。その前提として，例 2.1, 例 2.2で扱ったばねとおもりのシステム（図 2.1）を見直しておく。

例 12.1 非線形状態方程式

　例 2.2 で図 2.1 のシステムの方程式をつくったときには，フックの法則が成り立つ（すなわち，ばねの伸びに比例した力が逆方向に働く）ものとした。しかし，実在のばねの伸び l と力の大きさ f の関係は，図 12.1 のような曲線のグラフとなり（ただし，このグラフは説明のために非常に誇張して描いてある），フックの法則はこの関係を直線で近似したものにすぎない。そこで，まず，フックの法則のような近似をせずにシステムの方程式を導いておく。

　天井からおもりの中心（重心の位置も同じとする）までの距離をそれぞれ

12.1 非線形システムの線形化

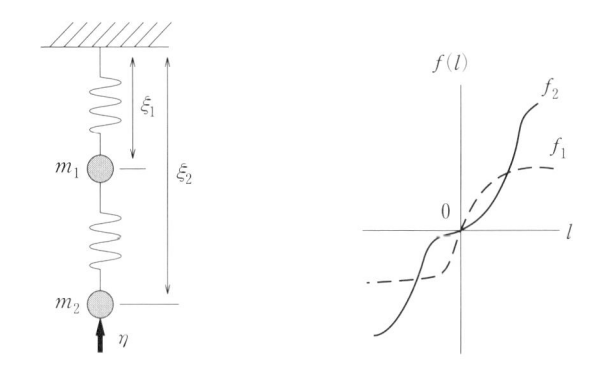

図 12.1 おもりと非線形ばねのシステム，および力と伸びの関係

ξ_1, ξ_2 とし，ばねが自然長のときの ξ_1, ξ_2 の値を c_1, c_2 とおく（c_1, c_2 は，ばねの自然長に，それぞれおもり 1 の長さの 1/2，およびおもり 1 の長さとおもり 2 の長さの 1/2 の和を加えたものになる）。ばねの伸びは

$$l_1 = \xi_1 - c_1, \quad l_2 = \xi_2 - c_2 - (\xi_1 - c_1) \tag{12.1}$$

であるから，おもりの運動方程式は

$$m_1 \frac{d^2 \xi_1}{dt^2} = -f_1(\xi_1 - c_1) + f_2(\xi_2 - c_2 - \xi_1 + c_1) + m_1 g$$

$$m_2 \frac{d^2 \xi_2}{dt^2} = -f_2(\xi_2 - c_2 - \xi_1 + c_1) + m_2 g - \eta \tag{12.2}$$

となる。ただし，下側のおもりに加える力を改めて η とおいた。

$$\lambda_1 = \xi_1, \quad \lambda_2 = \frac{d\xi_1}{dt}, \quad \lambda_3 = \xi_2, \quad \lambda_4 = \frac{d\xi_2}{dt} \tag{12.3}$$

を導入して運動方程式を書き換えれば

$$\frac{d\lambda_1}{dt} = \lambda_2$$

$$\frac{d\lambda_2}{dt} = -\frac{1}{m_1} f_1(\lambda_1 - c_1) + \frac{1}{m_1} f_2(\lambda_3 - \lambda_1 + c_1 - c_2) + g$$

$$\frac{d\lambda_3}{dt} = \lambda_4$$

$$\frac{d\lambda_4}{dt} = -\frac{1}{m_2} f_2(\lambda_3 - \lambda_1 + c_1 - c_2) + g - \frac{1}{m_2} \eta \tag{12.4}$$

という 1 階の連立常微分方程式が得られる。おもり 1 の位置を制御する問題を考えるのであるから，出力は

$$\xi = \lambda_1 \tag{12.5}$$

とする。以上が，フックの法則のような近似をしない場合のシステムの方程式である。

上の式(12.4)，(12.5)は，システムの諸量の変化を 1 階の連立常微分方程式で表し，出力を（変数 λ_i の）代数式で与えているという点では，式(2.1)，(2.2)と同じ形をしている。ただし，右辺に非線形関数が現れている点，および入力 η を 0 としても原点が平衡点にならない点が異なっている。式(12.4)，(12.5)のような方程式を，**非線形状態方程式**と呼ぶ。また，式(2.1)，(2.2)の場合と同様に，**入力ベクトル**，**出力ベクトル**，**状態変数**，**状態ベクトル**，**状態遷移方程式**，**出力方程式**などの用語を用いる。

例 12.2 平 衡 点

ここでは，例 12.1 の非線形方程式を線形化する問題を考える。このとき，出力 ξ をどの範囲で動かしたいかを決めなければならない。ここでは，出力が $\xi = \xi_e$ の近くに維持されるように，おもり位置を動かすものとする。そのために，まず出力が ξ_e となってつり合うような入力 η_e と状態 $\lambda_{1e} \sim \lambda_{4e}$ を求める。これには，状態方程式の微分を 0 とおいた方程式（**平衡点の方程式**と呼ぶ）

$$0 = \lambda_{2e}$$

$$0 = -\frac{1}{m_1} f_1(\lambda_{1e} - c_1) + \frac{1}{m_1} f_2(\lambda_{3e} - \lambda_{1e} + c_1 - c_2) + g$$

$$0 = \lambda_{4e}$$

$$0 = -\frac{1}{m_1} f_2(\lambda_{3e} - \lambda_{1e} + c_1 - c_2) + g - \frac{1}{m_2} \eta_e$$

$$\xi_e = \lambda_{1e} \tag{12.6}$$

を解けばよい。まず第 1 式，第 3 式および第 5 式から，$\lambda_{1e}, \lambda_{2e}, \lambda_{4e}$ がわかる。つぎに，第 2 式を

$$f_2(\lambda_{3e} - \lambda_{1e} + c_1 - c_2) = f_1(\lambda_{1e} - c_1) - m_1 g$$

と書き換える。ばね1に関するグラフから $f_{1e}=f_1(\lambda_{1e}-c_1)$ の値がわかるので，右辺はすべて既知の値である。したがって，今度は，ばね2に関するグラフを用いると，ばね2の伸び l_{2e} $(=\lambda_{3e}-\lambda_{1e}+c_1-c_2)$ がわかる。よって，λ_{3e} が得られる。最後に，$\lambda_{1e}\sim\lambda_{4e}$ を第4式に代入すれば，η_e もわかる。

例 12.3 接線近似による線形化

さて，状態変数 $\lambda_1\sim\lambda_4$ が適当な制御によって平衡点の近くに維持され，絶対値が十分に小さい変数 $x_1\sim x_4$ および u によって

$$\lambda_i=\lambda_{ie}-x_i \quad (i=1,\ \cdots,\ 4)$$
$$\eta=\eta_e+u \qquad (12.7)$$

と表される場合を考えよう（例2.1では，上向きを正として位置を表しているので，それに合わせるように x_i に負号をつけた）。これらを式(12.4)に代入し，式(12.4)の第2式と第4式に含まれる非線形項を $x_1\sim x_4$ のべき級数

$$f_1(\lambda_1-c_1)=f_1(\lambda_{1e}-x_1-c_1)$$
$$=f_1(\lambda_{1e}-c_1)-\frac{d}{dl}f_1(\lambda_{1e}-c_1)x_1+O(x^2)$$

$$f_2(\lambda_3-\lambda_1+c_1-c_2)$$
$$=f_2(\lambda_{3e}-\lambda_{1e}-x_3+x_1+c_1-c_2)$$
$$=f_2(\lambda_{3e}-\lambda_{1e}+c_1-c_2)$$
$$\quad -\frac{d}{dl}f_2(\lambda_{3e}-\lambda_{1e}+c_1-c_2)(x_3-x_1)+O(x^2) \qquad (12.8)$$

に展開する。ただし，$O(x^2)$ は変数 $x_1\sim x_4$ の2次以上の項を示す。仮定により $|x_i|$ は十分小さいので，$O(x^2)$ の項を無視し，さらに式(12.6)を用いると，式(12.4)から

$$\frac{dx_1}{dt}=-\lambda_2=x_2$$

$$\frac{dx_2}{dt}=\frac{1}{m_1}f_1(\lambda_1-c_1)-\frac{1}{m_1}f_2(\lambda_3-\lambda_1+c_1-c_2)-g$$
$$=\frac{1}{m_1}f_1(\lambda_{1e}-c_1)-\frac{1}{m_1}\frac{d}{dl}f_1(\lambda_{1e}-c_1)x_1-\frac{1}{m_1}f_2(\lambda_{3e}-\lambda_{1e}+c_1-c_2)$$

$$+\frac{1}{m_1}\frac{d}{dl}f_2(\lambda_{3e}-\lambda_{1e}+c_1-c_2)(x_3-x_1)-g$$

$$=\frac{1}{m_1}\frac{d}{dl}f_2(\lambda_{3e}-\lambda_{1e}+c_1-c_2)(x_3-x_1)-\frac{1}{m_1}\frac{d}{dl}f_1(\lambda_{1e}-c_1)x_1$$

$$\frac{dx_3}{dt}=-\lambda_4=x_4 \tag{12.9}$$

$$\frac{dx_4}{dt}=\frac{1}{m_2}f_2(\lambda_{3e}-\lambda_{1e}+c_1-c_2)$$

$$-\frac{1}{m_2}\frac{d}{dl}f_2(\lambda_{3e}-\lambda_{1e}+c_1-c_2)(x_3-x_1)-g+\frac{1}{m_2}\eta_e+\frac{1}{m_2}u$$

$$=-\frac{1}{m_2}\frac{d}{dl}f_2(\lambda_{3e}-\lambda_{1e}+c_1-c_2)(x_3-x_1)+\frac{1}{m_2}u$$

が得られる。これは，$x_1 \sim x_4$ に関する線形の方程式である。また，目標出力 ξ_e からの上向きの変位を y として，改めてこれを出力とすることにすると

$$y=-(\xi-\xi_e)=-\lambda_1+\lambda_{1e}=x_1 \tag{12.10}$$

となる。

以上により，非線形ばねの場合のおもりとばねのシステムの線形近似系は，式(12.9)，(12.10)によって与えられる（この2つの式は，式(2.3)，(2.4)にほかならない）。目標値とそれに対応する状態変数の平衡点からの変位を x，y，u とおいたので，制御の目的はこれらの変数を 0 にすることである。

以上の手順を一般的にまとめておこう。

【非線形システムの接線近似による線形化】

ステップ1：対象の方程式を1階の非線形連立常微分方程式

$$\frac{d}{dt}\lambda=f(\lambda,\eta),\quad \xi=h(\lambda) \tag{12.11}$$

で表す。ここで，一般に λ，f はベクトルで，つぎのとおりである。

$$\lambda=\begin{bmatrix}\lambda_1\\\lambda_2\\\vdots\\\lambda_n\end{bmatrix},\quad f(\lambda,\eta)=\begin{bmatrix}f_1(\lambda_1,\lambda_2,\cdots,\lambda_n,\eta)\\f_2(\lambda_1,\lambda_2,\cdots,\lambda_n,\eta)\\\vdots\\f_n(\lambda_1,\lambda_2,\cdots,\lambda_n,\eta)\end{bmatrix}$$

ステップ2：出力の目標値 ξ_d を定め，それに対応する λ，η の平衡点を

$$0 = f(\lambda_e, \eta_e), \quad \xi_d = h(\lambda_e) \tag{12.12}$$

を解いて求める。

ステップ3：状態変数，入力および出力を平衡点からの偏差 x, u, y により

$$\lambda = \lambda_e + x, \quad \eta = \eta_e + u, \quad \xi = \xi_d + y \tag{12.13}$$

と表す（状況に応じて，偏差 x, u, y に負号をつける場合もある）。

ステップ4：式(12.13)を式(12.11)に代入し，x, u, y の絶対値は十分に小さいと考えて，x, u, y の線形関数

$$\dot{x} = Ax + Bu, \quad y = Cx \tag{12.14}$$

で近似する。ただし，$A \sim C$ は

$$A = \frac{\partial}{\partial \lambda} f(\lambda, \eta)\big|_{\lambda=\lambda_e, \eta=\eta_e}, \quad B = \frac{\partial}{\partial \eta} f(\lambda, \eta)\big|_{\lambda=\lambda_e, \eta=\eta_e},$$

$$C = \frac{\partial}{\partial \lambda} h(\lambda, \eta)\big|_{\lambda=\lambda_e, \eta=\eta_e} \tag{12.15}$$

で与えられ

$$\frac{\partial}{\partial \lambda} f(\lambda, \eta) = \begin{bmatrix} \frac{\partial}{\partial \lambda_1} f_1(\lambda, \eta) & \frac{\partial}{\partial \lambda_2} f_1(\lambda, \eta) & \cdots & \frac{\partial}{\partial \lambda_n} f_1(\lambda, \eta) \\ \frac{\partial}{\partial \lambda_1} f_2(\lambda, \eta) & \frac{\partial}{\partial \lambda_2} f_2(\lambda, \eta) & \cdots & \frac{\partial}{\partial \lambda_n} f_2(\lambda, \eta) \\ \cdots & \cdots & \cdots & \cdots \\ \frac{\partial}{\partial \lambda_1} f_n(\lambda, \eta) & \frac{\partial}{\partial \lambda_2} f_n(\lambda, \eta) & \cdots & \frac{\partial}{\partial \lambda_n} f_n(\lambda, \eta) \end{bmatrix} \tag{12.16}$$

を表す。B, C の右辺も同様に定義される。

コーヒーブレイク

カオスと制御理論

　状態方程式に基づいて制御系を設計するという立場は，「現在の状態 $x(t_0)$ を知れば将来が予測できる」という事実に依拠するところが大きい。もちろん，$x(t_0)$ の知識には誤差が伴うから，予測にも誤差が生じる。しかし，式(2.1)のような線形方程式を前提とする場合，状態ベクトルに対する誤差の相対値は有限にとどまる。

　ところが，非線形方程式で記述されるシステムの場合には，この誤差が急激に増大して，実質的には将来の予測が不可能である，といったケースがありうる。これが「カオス」と呼ばれる現象のひとつの顕著な性質であり，物理学の新しい

パラダイムとして注目されている。もちろん、非線形システムでつねにこのような現象が生じるというわけではなく、システムの特性（非線形特性や強制力の性質を含む）が特定の領域に属する場合にのみ「カオス」という現象が生じる。

本書のように、線形方程式を前提としている限り、理論上は「カオス」と無縁といってよい。しかし、設計結果を現実に適用すれば、モデルから省かれた非線形性や未知要素が含まれてくるので、「カオス」と無縁といっておられなくなる。制御系設計の基本的姿勢は、未知の要因（モデルから省いた要因も含む）の存在下で期待どおりに動作するシステムをつくり上げようというところにあり、非線形性が入ってきても「カオス」といった現象を生じさせないようにするのも、その目的のひとつといってよい。

12.2 非線形システムの安定性

システムの特性は近似によって違うものになる可能性がある。特に、制御系の最も基本的な性質である安定性に関して、もとの非線形システムと線形化されたシステムでどう違うのか気になるところである。本節では、この問題を検討する準備として、非線形システムの安定性そのものについて基礎的な事項を述べておくことにする。はじめに、線形システムとはまったく異なった挙動を示す非線形システムの例を示すことにしよう。

例 12.4 ファンデアポールの方程式

つぎの方程式

$$\frac{d^2}{dt^2}x - \mu(1-x^2)\frac{d}{dt}x + x = 0$$

は、ファンデアポールの方程式として古くから知られた有名な方程式である。これは $x_1 = x$, $x_2 = \frac{d}{dt}x$ とおくと、状態方程式

$$\frac{d}{dt}\begin{bmatrix} x_1 \\ x_2 \end{bmatrix} = \begin{bmatrix} x_2 \\ \mu(1-x_1^2)x_2 - x_1 \end{bmatrix} \qquad (12.17)$$

で書くことができる。本システムの平衡点は、$\frac{d}{dt}x_1 = 0$, $\frac{d}{dt}x_2 = 0$ とおいて得

12.2 非線形システムの安定性

られ，$x_1 = x_2 = 0$ である．平衡点近傍で $|x|$ が十分に小さいとき，式(12.17)は

$$\frac{d}{dt}\begin{bmatrix} x_1 \\ x_2 \end{bmatrix} = \begin{bmatrix} 0 & 1 \\ -1 & \mu \end{bmatrix}\begin{bmatrix} x_1 \\ x_2 \end{bmatrix}$$

で近似できる．これは μ が負のときには安定，μ が正のときには不安定なシステムである．一方，非線形システムに戻り，式(12.17)において $\mu = 0.5$, -0.5 として実際に解軌道を計算してみよう．結果を**図 12.2** に示す．

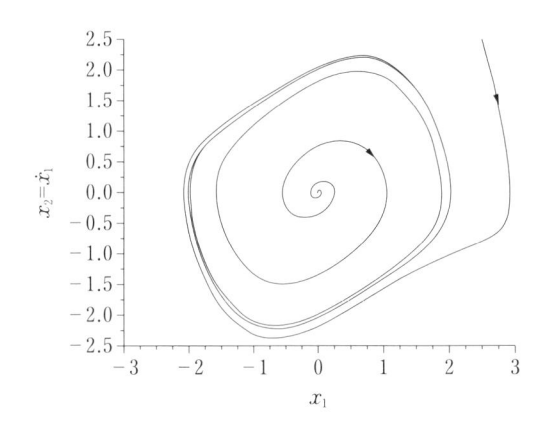

図 12.2 ファンデアポールの方程式の解曲線とリミットサイクル（矢印は $\mu > 0$ のとき）

図には円をねじ曲げたような形をした閉曲線があるが，これはリミットサイクルと呼ばれる式(12.17)の特別な解になっている．すなわち，この曲線の上の任意の点を初期点とする解は閉曲線上を回り続ける．一方，リミットサイクル内側から出た解は，$\mu = -0.5$ のときすべて原点に収束し，$\mu = 0.5$ のときにはリミットサイクルのほうへ向かう．これは線形化システムの安定性から類推される結果と一致している．しかし一方，リミットサイクルの外側から出発した解は $\mu = -0.5$ のときに発散し，$\mu = 0.5$ のときには閉軌道に収束する．すなわち，解軌道は原点近傍とはまったく異なった様相を示す．このように状態空間の領域によって，解の性質が異なることは非線形システムの特徴である．

さて，例 12.4 が示すように，非線形システムでは，システム自体が安定であるとか不安定であるという表現は不十分であり，正確には状態空間内の特定な点（平衡点）の安定性について議論すべきである．また，安定性が平衡点を

含むどのような領域で成立するか検討する必要がある。

一般的な非線形システム

$$\frac{d}{dt}x = f(x) \tag{12.18}$$

の安定性の定義を与えることにしよう。ここで，x は n 次元状態ベクトル，f は n 次元非線形関数を表す。状態変数の平行移動を行うことで，平衡点は一般性を失うことなく状態空間の原点（$x=0$）と仮定することができる。

$$f(0) = 0$$

また，初期時間が t_0，初期状態が x_0 であるときの式 (12.17) の解を $x(t, t_0, x_0)$ で表す。

【定義 12.1】 平衡点の安定性

任意に正の定数 ε が与えられたとき，十分小さな正の数 δ を決めることにより，初期条件が $\|x_0\| < \delta$ を満たす任意の解は

$$\|x(t, t_0, x_0)\| < \varepsilon \tag{12.19}$$

となるとき，式 (12.18) の平衡点 $x=0$ は安定であるという（**図 12.3**）。　♠

定義 12.1 に見るように，線形系と異なり，非線形システムでは解が原点（平衡点）に収束することを要求していないことに注意する。線形システムの安定性に対応する非線形システムの安定性の概念は，つぎの定義 12.2 に示す漸近安定性である。

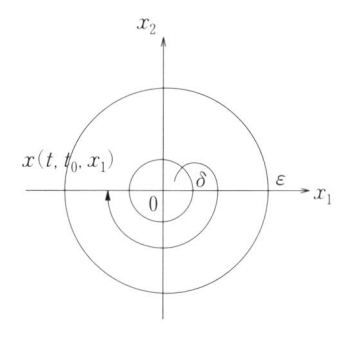

図 12.3 安定な平衡点の定義

【定義 12.2】 平衡点の漸近安定性

非線形システム (12.18) の平衡点が以下の 2 条件を満足するとき，平衡点は漸近安定であるという．

① 平衡点は定義 12.1 の意味で安定である．
② 正の数 $\hat{\delta}$ が存在して，初期値が $\|x_0\| < \hat{\delta}$ である任意の解は
$$\lim_{t \to \infty} x(t, t_0, x_0) = 0 \tag{12.20}$$
となる．

上の定義 12.2 で条件①が必要であるのは，たとえ②が成立しても必ずしも①が成り立つとは限らないからである．また，非線形システムの安定性の概念は上記以外にもいくつかある．このため，定義 12.1，12.2 による安定性を特にリアプノフの意味での安定ということがある．

12.3 リアプノフの安定解析

非線形システムでは，微分方程式の一般解が得られることはほとんどない．したがって，12.2 節で与えた安定性や漸近安定性の解析は具体的な解を用いることなく行われる必要がある．このための有力なアプローチがリアプノフの方法である．

4 章では，リアプノフ関数による線形系の安定解析を説明した．つぎの定義 12.3 はこれを一般の正定関数に拡張したものである．

【定義 12.3】 正 定 関 数

原点を含むある領域 Ω で定義されたスカラー関数 $V(x)$ が① それ自体およ

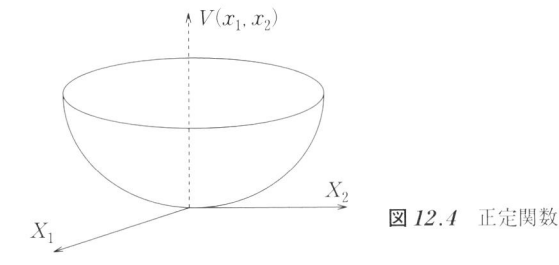

図 12.4 正定関数

びその偏導関数 $\partial V(x)/\partial x$ が x に関して連続であり，かつ② $V(0)=0$ で，$x\in\Omega$, $x\neq 0$ に対して $V(x)>0$（または $V(x)\geqq 0$）であるとき，$V(x)$ は正定（または準正定）であるという（図 **12.4**）。また，$-V(x)$ が正定（準正定）なら，$V(x)$ は負定（準負定）であるという。　　　　　　　　　　♠

例 12.5　（準）正定関数の例

① 変数 x_1, x_2 に関する以下の関数 $V(x_1, x_2)$ は正定関数である。
$$V(x_1, x_2)=x_1^2+x_2^2, \quad x_1^4+x_2^4, \quad x_1^2+x_1x_2+x_2^2, \quad (x_1^2+x_2^2)(1-x_1)$$

② 変数 x_1, x_2 に関する以下の関数 $V(x_1, x_2)$ は準正定関数である。
$$V(x_1, x_2)=x_1^2, \quad (x_1-x_2)^2$$

上の定義からつぎのことがわかる。

i) $V(x)$ を正定関数，c を十分に小さい任意の正定数とする。このとき $V(x)=c$ は原点を内点に含むある閉曲線（C_c とする）を定める。C_c で囲まれた領域は c を小さくすると縮小し，$c\to 0$ のとき原点に縮退する。

ii) 式(12.18)の時刻 t における解を $x(t)$ とするとき，$V(x(t))$ の変化率は
$$\dot{V}(x(t))=\frac{dV(x(t))}{dt}=\frac{\partial}{\partial x}V(x)f(x)=\sum_1^n \frac{\partial V(x)}{\partial x_i}f_i(x)$$

で計算できる。すなわち，$V(x(t))$ の変化率は微分方程式の解を用いることなく得られる。

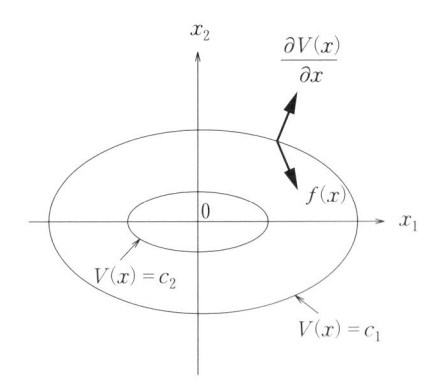

図 **12.5**　$V(x)$ の等高線および $\partial V(x)/\partial x$ と $f(x)$ の関係

iii) よって,解軌道は $\frac{\partial}{\partial x}V(x)f(x)$ が負であるような状態空間の点 x においては,閉曲線 C_c の内側に向かい,そうでない点では C_c の接線方向,あるいは外側に向かう(図 **12.5**)。

以上の考察をもとにして以下の定理 12.1 が導かれる。

【定理 12.1】 リアプノフの安定定理

① 正定関数 $V(x)$ が存在し,$\dot{V}(x(t)) = \frac{\partial V(x)}{\partial x}f(x)$ が準負定であるならば

非線形微分方程式(12.18)の平衡点 $x = 0$ は安定である。

② 正定関数 $V(x)$ が存在し,$\dot{V}(x(t)) = \frac{\partial V(x)}{\partial x}f(x)$ が負定であるなら

$x = 0$ は漸近安定である。

上のような性質をもつ関数をリアプノフ関数と呼ぶ。 ♠

例 12.6 1 次非線形系

システム

$$\dot{x} = -x^3 \tag{12.21}$$

は唯一の平衡点 $x = 0$ をもつ。これに対するリアプノフ関数の候補として,$V(x) = x^2$ を考える。$V(0) = 0$,$V(x) > 0 (x \neq 0)$ であるので $V(x)$ は正定関数である。また,$\dot{V}(x) = 2x(-x^3) = -2x^4$ は負定関数である。よって,定理 12.1 により式(12.21)の平衡点 $x = 0$ は漸近安定である。

例 12.7 2 次非線形系

システム

$$\dot{x}_1 = -x_1, \quad \dot{x}_2 = -x_2 + x_1^2 x_2 \tag{12.22}$$

の平衡点は右辺を 0 とおいて得られ,$x_1 = 0$,$x_2 = 0$ である。リアプノフ関数の候補を

$$V(x) = x_1^2 + x_2^2$$

とする。このとき $(x_1, x_2) \neq 0$,かつ十分小さな x_1,x_2 に対して

$$\dot{V}(x(t)) = 2x_1(-x_1) + 2x_2(-x_2 + x_1^2 x_2) = -2(x_1^2 + x_2^2) + 2x_1^2 x_2^2 < 0$$

である．したがって，式(12.22)の平衡点 $(x_1, x_2)=0$ は漸近安定である．

例 12.8 線 形 系

線形システム

$$\dot{x} = Ax \tag{12.23}$$

で A は安定行列（すべての固有値の実部は負）とする．このとき，任意に正定行列 Q をとり，行列方程式

$$PA + A^T P = -Q, \quad P^T = P \tag{12.24}$$

を解いて対象行列 P を定めると，P は正定行列である（【定理 4.3】）．この P を用いて，平衡点 $x=0$ に関するリアプノフ関数候補を

$$V(x) = x^T P x$$

とすると，$V(x)$ は正定関数である．また

$$\dot{V}(x) = \dot{x}^T P x + x^T P \dot{x} = x^T (A^T P + PA) x = -x^T Q x < 0 \quad (x \neq 0)$$

であるので，$\dot{V}(x(t)) = \dfrac{\partial}{\partial x} V(x) f(x)$ は負定である．よって，$x=0$ は漸近安定である．

さて，例 12.6 は非線形システムとして漸近安定であるが，平衡点（$x=0$）における線形化システムは $\dot{x}=0$ であるので漸近安定でない．よって，非線形システムが漸近安定であるからといって線形化システムは漸近安定であるとはいえない．では，この逆はどうか．この疑問に対する解答は **12.4** 節で与えられる．

例 12.8 では，Q は任意の正定行列であるので，Q を変えれば P は無数に定まる．すなわち，式(12.23)に対するリアプノフ関数は無数に存在する．これは，本例に限らず一般の非線形システムについていえることである．

12.4 線形化による非線形システムのリアプノフ安定解析

原点を平衡点とする n 次元非線形システム

$$\dot{x} = f(x), \quad f(0) = 0 \tag{12.25}$$

12.4 線形化による非線形システムのリアプノフ安定解析

で，$f(x)$ は $x=0$ でテイラー級数展開が可能と仮定する．このとき，$f(x)$ は

$$f(x) = f(0) + \left.\frac{\partial}{\partial x}f(x)\right|_{x=0} x + \sigma(x)\|x\| = Ax + \sigma(x)\|x\|$$

と書ける．ただし

$$A = \left.\frac{\partial}{\partial x}f(x)\right|_{x=0}$$

であり，$\sigma(x)\|x\|$ は x に関する2次以上の残余項を示し

$$\lim_{\|x\| \to 0} \sigma(x) = 0 \tag{12.26}$$

を満たす．原点近傍での線形化システムは

$$\dot{x} = Ax \tag{12.27}$$

で与えられる．

以下では，線形化システム (12.27) が漸近安定，すなわち，A の固有値の実部はすべて負であるとき，式 (12.25) は漸近安定であることを示す．

A は安定行列であるので，$Q=I$ とするとき，行列方程式 (12.24) の解 P は正定である．この P を用いて，式 (12.25) に対するリアプノフ関数候補を

$$V(x) = x^T P x \tag{12.28}$$

と選ぶ．$V(x(t))$ の時間微分は

$$\begin{aligned}
\dot{V}(x(t)) &= (Ax + \sigma(x)\|x\|)^T Px + x^T P(Ax + \sigma(x)\|x\|) \\
&= x^T(PA + A^T P)x + 2x^T P\sigma(x)\|x\| \\
&= -x^T x + 2x^T P\sigma(x)\|x\| \\
&= -\|x\|^2 \left(1 - \frac{2x^T P\sigma(x)}{\|x\|}\right)
\end{aligned} \tag{12.29}$$

となる．一方，ベクトルの内積に関するシュバルツの不等式により

$$\begin{aligned}
\left|\frac{2x^T P\sigma(x)}{\|x\|}\right| &= \frac{2}{\|x\|}\langle x, P\sigma(x) \rangle \\
&= \frac{2}{\|x\|}\|x\|\|P\sigma(x)\| \leq 2\|P\|\|\sigma(x)\|
\end{aligned} \tag{12.30}$$

が成り立つ．よって，$\|x\|$ が十分に小さいとき，式 (12.26)，(12.29) より，$\dot{V}(x(t))$ は負定である．よって，定理 12.1 により式 (12.25) の平衡点 $x=0$ は

漸近安定である。

以上によって，**線形化システムが安定なら，もとの非線形システムは漸近安定である**ことが示された。

上述の結果は，以下の事実に着目すると，非線形制御対象に対する制御系設計に応用できる。

非線形制御対象に線形フィードバック補償を行ったシステムの線形近似系は，最初に非線形制御対象を線形近似してから線形フィードバック補償を行って得られるシステムと同じシステムである（**図 12.6**）。

したがって，非線形制御対象を式(12.11)～(12.16)によって線形化し，線形化システム(12.14)に対する線形の安定化コントローラを設計することにより，制御系は非線形システムとして漸近安定にできることがわかる。

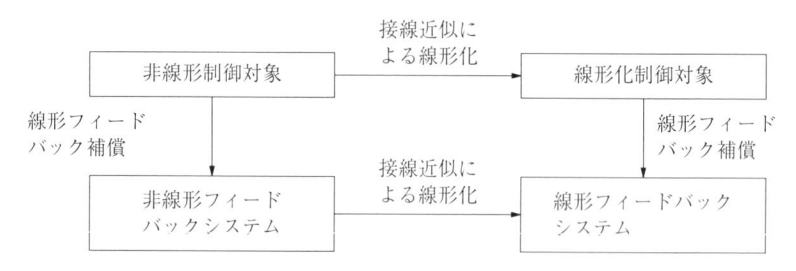

図 12.6 非線形システムの線形化の順序

ただし，線形化の際に式(12.13)の変数変換を行っているので，上の手順で設計した制御系は，**図 12.7**のブロック線図に示すように，入力の定常値 η_e が加えられていることに注意しなければならない。

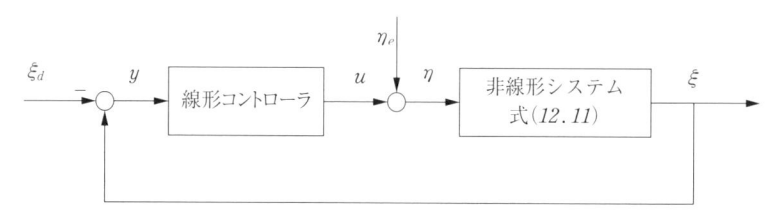

図 12.7 非線形システムの線形化による制御系設計

問　　　題

(1) 2×2 実対称行列 $M=\begin{bmatrix} m_{11} & m_{12} \\ m_{12} & m_{22} \end{bmatrix}$ に関して，以下の3条件は等価であることを証明せよ．
　① $V(x)=x^T M x$ は正定値関数である．
　② M の2つの固有値（実数）は正である．
　③ M の左上主座小行列式 $M_1=m_{11}$, $M_2=|M|$ は正である．
　（補足）上の結果は一般の $n\times n$ 対称行列の場合にも成立する．ただし，条件
　　　　③は M の n 個の左上主座小行列式
$$M_i=\det\begin{bmatrix} m_{11} & m_{12} & \cdots & m_{1i} \\ m_{12} & m_{22} & \ldots & m_{2i} \\ \cdots & \cdots & \cdots & \cdots \\ m_{1i} & m_{2i} & \cdots & m_{ii} \end{bmatrix} \quad (i=1,\cdots,n)$$
　　　　が正とする．

(2) ファンデアポールの方程式(12.17)で $\mu<0$ とするとき，平衡点 $x=0$ は漸近安定である．これをリアプノフ関数を具体的に示すことによって証明せよ．

(3) つぎのシステムに関して以下の問いに答えよ．
$$\dot{x}_1 = x_2$$
$$\dot{x}_2 = -x_1 + x_1^3 - x_2$$
　① 平衡点を求めよ．
　② 平衡点（複数個あればそれぞれについて）の近傍で線形化せよ．
　③ 線形化方程式の安定性を判定せよ．

付　　　　録

ラプラス変換

　$f(t)$ を区分的に連続かつ微分可能で，$t<0$ で $f(t)=0$ である関数とする．さらに，少なくともひとつの複素数 s に対して，無限積分

$$F(s)=\int_0^\infty f(t)e^{-st}dt \tag{付.1}$$

が収束するものとする．上の条件が満たされるとき，$f(t)$ は**ラプラス変換可能である**といい，式(付.1)の関数の解析的延長を $f(t)$ のラプラス変換という．複素平面上の直線

$$s=c+j\omega \quad (-\infty<\omega<\infty) \tag{付.2}$$

を B_r で表すものとすれば，$f(t)$ の連続点において

$$f(t)=\frac{1}{2\pi j}\int_{B_r}F(s)e^{st}ds \tag{付.3}$$

が成り立つ．ただし，式(付.2)の定数 c は ${\rm Re}\,c+\varepsilon \leq {\rm Re}\,s$ に $F(s)$ の特異点が存在しないようにとる．$f(t)$ から $F(s)$ への写像を**ラプラス変換**と呼んで $\pounds[\ ]$ で表す．また，その逆写像を**逆ラプラス変換**と呼んで $\pounds^{-1}[\ ]$ で表す．ラプラス変換についてつぎの性質が成り立つ．ただし $f(t)$, $f_1(t)$, $f_2(t)$ はラプラス変換可能とする．

① 線形性：a, b が定数であるとき
$$\pounds[af_1(t)+bf_2(t)]=a\pounds[f_1(t)]+b\pounds[f_2(t)] \tag{付.4}$$

② 導関数のラプラス変換：導関数 $f'(t)$ もラプラス変換可能であれば
$$\pounds[f'(t)]=sF(s)-f(+0) \tag{付.5}$$

③ 畳込み積分のラプラス変換：$f_1(t)$ と $f_2(t)$ の畳込み積分 $h(t)$ を
$$h(t)=\int_0^t f_1(t-\tau)f_2(\tau)d\tau=\int_0^t f_1(\tau)f_2(t-\tau)d\tau \tag{付.6}$$

で定義する．$h(t)$ のラプラス変換 $H(s)$ について
$$H(s)=F_1(s)F_2(s) \tag{付.7}$$

④ 初期値定理：x を実変数として
$$\lim_{t\to+0}f(t)=\lim_{x\to+\infty}xF(x) \tag{付.8}$$

⑤ 最終値定理：x を実変数とする。両辺の極限値が存在するという仮定のもとで式(付.9)が成り立つ。

$$\lim_{t \to +\infty} f(t) = \lim_{x \to +0} xF(x) \tag{付.9}$$

簡単なラプラス変換は**付表**のとおりである。詳しくは，文献5)，6)を参照されたい。なお，以上の式では関数 $f(t)$，$f_1(t)$，$f_2(t)$ の値はスカラーであるとして説明したが，これらの関数の値がベクトルや行列であっても同様の公式が成立する（ただし，この場合は掛け算の順序について注意を払う必要がある）。

付表 ラプラス変換

$t \geqq 0$ における $f(t)$ の値	$f(t)$ のラプラス変換 $F(s)$	$t \geqq 0$ における $f(t)$ の値	$f(t)$ のラプラス変換 $F(s)$
1	$\dfrac{1}{s}$	$\sin\beta t$	$\dfrac{\beta}{s^2+\beta^2}$
t	$\dfrac{1}{s^2}$	$\cos\beta t$	$\dfrac{s}{s^2+\beta^2}$
e^{pt}	$\dfrac{1}{s-p}$	$e^{-\alpha t}\sin\beta t$	$\dfrac{\beta}{(s+\alpha)^2+\beta^2}$
$\dfrac{1}{k!}t^k e^{pt}$	$\dfrac{1}{(s-p)^{k+1}}$	$e^{-\alpha t}\cos\beta t$	$\dfrac{s+\alpha}{(s+\alpha)^2+\beta^2}$

引用・参考文献

【1章の引用・参考文献，および制御工学と数学の参考書】

制御工学の歴史を学ぶためには，例えばつぎの文献を参照するとよい。
1) S. Bennett : *A History of Control Engineering* 1800-1930, Peter Peregrinus (1979), (日本語版, 古田勝久・山北昌毅 監訳：制御工学の歴史, コロナ社 (1998))
2) S. Bennett : *A History of Control Engineering* 1930-1955, Peter Peregrinus (1993)
3) 示村悦次郎：自動制御とは何か, コロナ社 (1990)
4) R. Bellman and R. Kalaba eds. : *Selected Papers on Mathematical Trends in Control Theory*, Dover (1964)

制御工学のテキストは非常に多く出版されている。いくつかを参考文献として紹介するが，簡潔さとわかりやすさを重視したもの，理論を重視したもの，解説が詳しいものなど，いろいろある。読者はそれぞれ自分に最も向くものを探すとよい。
5) 片山　徹：新版フィードバック制御の基礎, 朝倉書店 (1987)
6) 荒木光彦：古典制御理論［基礎編］, 培風館 (2000)
7) 荒木光彦：ディジタル制御入門, 朝倉書店 (1991)
8) 須田信英：線形システム理論, 朝倉書店 (1993)
9) 須田信英：エース自動制御, 朝倉書店 (2000)
10) 杉江俊治, 藤田政之：フィードバック制御入門, コロナ社 (1999)
11) 村松鋭一：制御工学入門, 養賢堂 (2010)

数学の参考書としては，本書で重要な行列の理論に関するものをあげておく。
12) F. R. Gantmacher (translated by K.A. Hirsch) : *Theory of Matrices*, **1**, **2**, Chelsea Pub. Co. (1959)
13) 児玉慎三, 須田信英：システム制御のためのマトリクス理論, 計測自動制御学会 (1978)

---

† 論文誌の巻番号は太字，号番号は細字で表記する。

14) 太田快人：システム制御のための数学(1), コロナ社（2000）

【2～6章】

15) Routh centenary issue：*Int. J. Control*, **26**, 2, pp. 167-324（1977）
16) A. Hurwitz："On the conditions under which an equation has only roots with negative real parts", Ref. 4), pp. 70-82
17) 片山　徹："授業ではやらないラウス・フルビッツの定理を証明する", 第54回システム制御情報学会研究発表会（2010年5月）

【7章】

18) D. G. Luenberger："An introduction to Observers", IEEE Trans. On Automatic Control, **16**, 6（1971）
19) W. M. Wonham："The internal model principle of control theory", Automatica, **12**, Issue 5（1976）
20) M. Ito："Bases and implications of learning in the cerebellum-adaptive control and internal model mechanism", Progress in brain research（2005）
21) M. Kawato："Internal models for motor control and trajectory planning. Current Opinion in Neurobiology", 9（1999）
22) Kawato M："From 'Understanding the brain by creating the brain' toward Manipulative Neuroscience", Philosophical Transactions of the Royal Society B（2007）

【8章】

23) 伊藤正美, 木村英紀, 細江繁幸：線形制御系の設計理論, 計測自動制御学会（1978）
24) T. Hagiwara, T. Yamasaki and M. Araki："Two-degree-of-freedom design method of LQI servo systems：disturbance rejection by constant state feedback", *Int. J. Control*, **63**, 4（1996）
25) T. Hagiwara, E. Furutani and M. Araki："Two-degree-of-freedom design method of linear quadratic servo systems with an integral compennsator：analysis of the performance deterioration by the introduction of an observer", *Int. J.Control*, **64**, 5（1996）
26) E. Furutani, T. Hagiwara and M. Araki："Two-degree-of-freedom design method of state-predictive LQI servo systems", *IEE-Proc. -Control Theory*

Appl., **149**, 5 (Sept. 2002)
27) 金英福, 池田雅夫, 藤崎泰正：2自由度積分型サーボ系のロバスト安定性と積分補償のハイゲイン化, 計測自動制御学会論文集, **32**, 2 (1996)
28) 前田　肇, 杉江俊治：アドバンスト制御のためのシステム制御理論, 朝倉書店 (1990)

【9〜11章】

周波数特性に関しては4), 5), 8)〜10) など大部分の教科書で述べられている。PID制御に関してはつぎが詳しい。
29) 須田信英：PID制御, 朝倉書店 (1992)
30) K. J. Astrom：PID Controllers, 2nd Edition Instrument Society of America (1995)
31) 荒木光彦：2自由度制御系—PID・微分先行型・I-PD制御系の統一的見方などについて, システムと制御, **29**, 10 (1985)

ロバスト安定性についてはつぎの教科書に詳しい説明が与えられている。
32) 井村順一：システム制御のための安定論, コロナ社 (2000)

つぎは**ボードの定理**についてのBode自身による著書である。文献5)にも, ボードの定理の証明が与えられている。
33) H. W. Bode：Network Analysis and Feedback Amplifier Design, Van Nostrand (1945)

H_∞**制御**に関しては下記を参照されたい。
34) 佐伯正美ほか4名著（細江繁幸・荒木光彦 監修）：制御系設計—H_∞制御とその応用, 朝倉書店 (1994)
35) 木村英紀：H_∞制御, コロナ社 (2000)
36) 劉　康志：線形ロバスト制御, コロナ社 (2002)
37) J. Doyle, B, A. Francis and A. R. Tannenbaum（藤井隆雄 監修）：フィードバック制御の理論, コロナ社 (1996)

【12章】

38) W. Hahn：Stability of Motion, Springer-Verlag (1967)
39) H. K. Khalil：Nonlinear Systems, Prentice Hall (1996)
40) 鈴木正之ほか3名：動的システム論, コロナ社 (2000)

問 題 解 答

【2章】

（1）コンデンサ C_1', C_2' およびインダクタンス L の電圧をそれぞれ $v_1 \sim v_3$ とし, 左側と右側のループ電流を i_1, i_2 とすれば, コンデンサの電荷およびインダクタンスの磁束の変化について

$$\frac{d}{dt}(C_1' v_1) = i_1 - i_2 \tag{解 2.1}$$

$$\frac{d}{dt}(C_2' v_2) = i_2 \tag{解 2.2}$$

$$\frac{d}{dt}(L i_2) = v_3 \tag{解 2.3}$$

が成り立つ。また, キルヒホッフの電圧則により

$$E = R_3 i_1 + v_1 + R_1(i_1 - i_2) \tag{解 2.4}$$

$$0 = -R_1(i_1 - i_2) - v_1 + v_3 + R_4 i_2 + v_2 + R_2 i_2 \tag{解 2.5}$$

$$V = v_2 + R_2 i_2 \tag{解 2.6}$$

微分されている変数 v_1, v_2, i_2 が状態変数であり, E が入力, V が出力である。その他の変数 i_1, v_3 は状態方程式のなかでは使われないので, 代数式(解 2.4), (解 2.5)を使って消去する。式(解 2.4), (解 2.5)をこの2変数について解けば

$$i_1 = \frac{-1}{R_1 + R_3} v_1 + \frac{R_1}{R_1 + R_3} i_2 + \frac{1}{R_1 + R_3} E \tag{解 2.7}$$

$$v_3 = \frac{R_3}{R_1 + R_3} v_1 - v_2 - \left(\frac{R_1 R_3}{R_1 + R_3} + R_2 + R_4 \right) i_2 + \frac{R_1}{R_1 + R_3} E \tag{解 2.8}$$

これを式(解 2.1)〜(解 2.3)に代入して式(2.1), (2.2)の形に整理すれば, 状態方程式のパラメータおよび係数がつぎのとおりになることがわかる。

$m = p = 1$, $n = 3$
$x = [v_1 \ v_2 \ i_2]^T$, $u = E$, $y = V$

$$A=\begin{bmatrix} -\dfrac{1}{C_1'(R_1+R_3)} & 0 & -\dfrac{R_3}{C_1'(R_1+R_3)} \\ 0 & 0 & \dfrac{1}{C_2'} \\ \dfrac{R_3}{L(R_1+R_3)} & -\dfrac{1}{L} & -\dfrac{R_0}{L} \end{bmatrix},\quad B=\begin{bmatrix} \dfrac{1}{C_1'(R_1+R_3)} \\ 0 \\ -\dfrac{R_1}{L(R_1+R_3)} \end{bmatrix}$$

$$C=[\,0\ \ 1\ \ R_2\,],\quad D=0 \tag{解 2.9}$$

ただし，R_0 は次式で与えられる

$$R_0=\frac{R_1R_3}{R_1+R_3}+R_2+R_4 \tag{解 2.10}$$

(2) 式(2.13)を微分して式(2.10)を使えば

$$\begin{aligned}\frac{dx(t)}{dt}&=\Bigl\{\frac{d}{dt}\varPhi(t-t_0)\Bigr\}x_0+\int_{t_0}^{t}\frac{d}{dt}\varPhi(t-\tau)Bu(\tau)d\tau+\varPhi(t-t)Bu(t)\\ &=A\varPhi(t-t_0)x_0+\int_{t_0}^{t}A\varPhi(t-\tau)Bu(\tau)d\tau+Bu(t)\\ &=Ax(t)+Bu(t) \end{aligned} \tag{解 2.11}$$

また，式(2.13)で $t=t_0$ とおけば，第2項の積分区間が0になるから，式(2.10)の第2式より $x(t_0)=x_0$ を得る。

(3) 各自計算せよ。

(4) 式(2.39)の第1項は，式(2.43)より

$$\mathcal{L}^{-1}[(sI-A)^{-1}]x_0=\varPhi(t)x_0 \tag{解 2.12}$$

第2項 $\mathcal{L}^{-1}[(sI-A)^{-1}BU(s)]$ の [　] 内は $(sI-A)^{-1}B$ と $U(s)$ の積である。したがって，全体の逆ラプラス変換はそれぞれの逆ラプラス変換の畳込み積分（付録の式(付.6)参照）になる。$\mathcal{L}^{-1}[(sI-A)^{-1}B]=\varPhi(t)B$，$\mathcal{L}^{-1}[U(s)]=u(t)$ であるから

$$\mathcal{L}^{-1}[(sI-A)^{-1}BU(s)]=\int_{0}^{t}\varPhi(t-\tau)Bu(\tau)d\tau \tag{解 2.13}$$

以上を総合すれば，$x(t)$ が式(2.13)で与えられる（ただし，$t_0=0$）ことがわかる。左から C を掛けて式(2.14)を得る。時間をシフトさせれば（t のところに $t-t_0$ を代入する），一般の初期時刻に関する公式が得られる。

(5)

$$(sI-A)^{-1}=\begin{bmatrix} s-1 & 0 \\ 0 & s+2 \end{bmatrix}^{-1}=\begin{bmatrix} \dfrac{1}{s-1} & 0 \\ 0 & \dfrac{1}{s+2} \end{bmatrix} \tag{解 2.14}$$

上式を逆ラプラス変換すれば式(2.23)を得る。初期条件が式(2.24)，入力が式(2.27)であるとして，式(2.37)，(2.39)を計算する。入力のラプラス変換

$U(s)$ は

$$U(s)=-\left[\begin{array}{cc}\dfrac{1}{s+1} & \dfrac{1}{s-2}\end{array}\right]W(1)^{-1}\varDelta_1 x \qquad (解 2.15)$$

であるから，式(2.37)の各項は

$$第1項=\left[\begin{array}{cc}\dfrac{1}{s-1} & 0 \\ 0 & \dfrac{1}{s+2}\end{array}\right]\left[\begin{array}{c}1 \\ 1\end{array}\right]=\left[\begin{array}{c}\dfrac{1}{s-1} \\ \dfrac{1}{s+2}\end{array}\right] \qquad (解 2.16)$$

$$第2項=-\left[\begin{array}{cc}\dfrac{1}{(s-1)(s+1)} & \dfrac{1}{(s-1)(s-2)} \\ \dfrac{1}{(s+2)(s+1)} & \dfrac{1}{(s+2)(s-2)}\end{array}\right]W(1)^{-1}\varDelta_1 x \qquad (解 2.17)$$

これを逆ラプラス変換することにより（すなわち，式(2.39)により）

$$x(t)=\left[\begin{array}{c}e^t \\ e^{-2t}\end{array}\right]-\left[\begin{array}{cc}\dfrac{1}{2}(e^t-e^{-t}) & e^{2t}-e^t \\ e^{-t}-e^{-2t} & \dfrac{1}{4}(e^{2t}-e^{-2t})\end{array}\right]W(1)^{-1}\varDelta_1 x \qquad (解 2.18)$$

を得る．上式で $t=1$ とおけば，式(2.28)の値になる．

(6) 式(2.54)に式(2.45)，(2.46)を代入すれば（左辺と右辺を入れ替えて）

$$(s^n+\alpha_{n-1}s^{n-1}+\cdots+\alpha_0)I=(sI-A)(B_{n-1}s^{n-1}+\cdots+B_0) \qquad (解 2.19)$$

右辺を展開して s の各べき乗の項の係数に注目すれば，式(2.49)の左側の式（B_k についての漸化式）を得る．これから，B_k を α_k と A で表して式(2.46)に代入すれば，式(2.47)，(2.48)が得られる．

(7) A^k の固有値は A の固有値 s_i の k 乗である．また，一般に行列の固有値の総和はその行列の trace に等しい．したがって，$\varGamma_k=\mathrm{trace}A^k$ である．これを式(2.55)に代入して，α_{n-k} について解けば，式(2.56)を得る．式(2.56)と前問(8)で導いた漸化式（式(2.49)の左側の式）の構造を注意深く眺めれば，式(2.49)の右側の式（α_{n-k} についての式）が成り立つことがわかる．

(8) 固有多項式 $\varDelta(s)$ の零点が固有値 s_i であるから

$$\varDelta(s)=s^n+\alpha_{n-1}s^{n-1}+\cdots+\alpha_0=\varPi(s-s_i) \qquad (解 2.20)$$

この式から，$k=1$ については明らか．式(解2.20)の第1式を微分して

$$\varDelta'(s)=ns^{n-1}+(n-1)\alpha_{n-1}s^{n-2}+\cdots+2\alpha_2 s+\alpha_1 \qquad (解 2.21)$$

また，式(解2.20)の第2式を微分して

$$\varDelta'(s)=\sum\dfrac{\varDelta(s)}{s-s_i}=\sum\{s^n+(s_i+\alpha_{n-1})s^{n-2}+\cdots$$
$$+(s_i^k+\alpha_{n-1}s_i^{k-1}+\cdots+\alpha_{n-k})s^{n-k-1}+\cdots$$

$$+ (s_i{}^{n-1} + \alpha_{n-1} s_i{}^{n-1} + \cdots + \alpha_2 s_i + \alpha_1)\}$$
$$= n s^{n-1} + (\varGamma_1 + n\alpha_{n-1}) s^{n-2} + \cdots + (\varGamma_k + \alpha_{n-1} \varGamma_{k-1} + \cdots$$
$$+ \alpha_{n-(k-1)} \varGamma_1 + n\alpha_{n-k}) s^{n-k-1} + \cdots + (\varGamma_{n-1} +$$
$$\alpha_{n-1} \varGamma_{n-2} + \cdots + \alpha_2 \varGamma_1 + n\alpha_1) \tag{解 2.22}$$

式(解 2.21)と式(解 2.22)において,s の等べき乗の係数を等置して整理すれば,$k=2, \cdots, n-1$ について式(2.55)を得る。$k=n$ については,$\varDelta(s_i)=0$ を $i=1, \cdots, n$ について加えればよい。

(9) $\quad B_2 = I, \quad AB_2 = A, \quad \alpha_2 = 6$

$$B_1 = \begin{bmatrix} 4 & 0 & 0 \\ 1 & 5 & 2 \\ 0 & -1 & 3 \end{bmatrix}, \quad AB_1 = \begin{bmatrix} -8 & 0 & 0 \\ 3 & -7 & 4 \\ -1 & -2 & -11 \end{bmatrix}, \quad \alpha_1 = 13$$

$$B_0 = \begin{bmatrix} 5 & 0 & 0 \\ 3 & 6 & 4 \\ -1 & -2 & 2 \end{bmatrix}, \quad AB_0 = \begin{bmatrix} -10 & 0 & 0 \\ 0 & -10 & 0 \\ 0 & 0 & -10 \end{bmatrix}, \quad \alpha_0 = 10$$

ゆえに

$$\varDelta_A(s) = s^3 + 6s^2 + 13s + 10 = (s+2)(s^2 + 4s + 5)$$

$$(sI - A)^{-1} = \begin{bmatrix} \dfrac{1}{s+2} & 0 & 0 \\ \dfrac{s+3}{(s+2)(s^2+4s+5)} & \dfrac{s+3}{s^2+4s+5} & \dfrac{2}{s^2+4s+5} \\ \dfrac{-1}{(s+2)(s^2+4s+5)} & \dfrac{-1}{s^2+4s+5} & \dfrac{s+1}{s^2+4s+5} \end{bmatrix}$$

$$\varPhi(t) = \begin{bmatrix} e^{-2t} & 0 & 0 \\ e^{-2t} - e^{-2t}(\cos t - \sin t) & e^{-2t}(\cos t + \sin t) & 2e^{-2t} \sin t \\ -e^{-2t} + e^{-2t} \cos t & -e^{-2t} \sin t & e^{-2t}(\cos t - \sin t) \end{bmatrix}$$

$$G(s) = \begin{bmatrix} \dfrac{1}{s+2} & 0 \\ \dfrac{-(s+3)}{(s+2)(s^2+4s+5)} & \dfrac{s+1}{s^2+4s+5} \end{bmatrix}$$

【3 章】

(1) 式(3.1)を微分して,式(2.1),(3.2)を代入すれば

$$\frac{d\tilde{x}}{dt} = R\frac{dx}{dt} = R(Ax + Bu) = RAR^{-1}\tilde{x} + RBu \tag{解 3.1}$$

また,式(2.2)に式(3.2)を代入すれば

$$y = CR^{-1}\tilde{x} + Du \tag{解 3.2}$$

（2）式(3.10)についてはT_1およびその逆行列

$$T_1{}^{-1}=\frac{1}{a_2b}\begin{bmatrix} 1 & 0 & 0 & 0 \\ 0 & 1 & 0 & 0 \\ -a_1-a_2 & 0 & a_2 & 0 \\ 0 & -a_1-a_2 & 0 & a_2 \end{bmatrix} \qquad (解\ 3.3)$$

を使って式(3.5)を計算すればよい．式(3.12)については式(3.11)のR_2と

$$R_2{}^{-1}=\frac{1}{a_2}\begin{bmatrix} 0 & 0 & 0 & a_2 \\ 0 & 0 & a_2 & 0 \\ 0 & 1 & 0 & -a_3 \\ 1 & 0 & -a_3 & 0 \end{bmatrix} \qquad (解\ 3.4)$$

を使えばよい．

（3）まず，$n=3$の場合について計算する．特性多項式を与える行列式は次式のとおりであるが，これに初等列操作を行って

$$\det\begin{bmatrix} s & -1 & 0 \\ 0 & s & -1 \\ a_0 & a_1 & s+a_2 \end{bmatrix} \quad (第3列に s を掛けて第2列に加える)$$

$$=\det\begin{bmatrix} s & -1 & 0 \\ 0 & 0 & -1 \\ a_0 & a_1+s(s+a_2) & s+a_2 \end{bmatrix} \quad (第2列に s を掛けて第1列に加える)$$

$$=\det\begin{bmatrix} 0 & -1 & 0 \\ 0 & 0 & -1 \\ a_0+s\{a_1+s(s+a_2)\} & a_1+s(s+a_2) & s+a_2 \end{bmatrix}$$

$$=a_0+s\{a_1+s(s+a_2)\}=s^3+a_2s^2+a_1s+a_0 \qquad (解\ 3.5)$$

を得る．一般のnについても同様である．

（4）固有値が相異なる場合，固有ベクトル$\xi_i(i=1,\cdots,n)$が一次独立であるから，式(3.19)のΞは正則行列となる．また

$$\begin{aligned}A\Xi &= [\,A\xi_1\ A\xi_2\ \cdots\ A\xi_n\,] \\ &= [\,s_1\xi_1\ s_2\xi_2\ \cdots\ s_n\xi_n\,] \\ &= [\,\xi_1\ \xi_2\ \cdots\ \xi_n\,]\begin{bmatrix} s_1 & 0 & \cdots & 0 \\ 0 & s_2 & \cdots & 0 \\ \vdots & \vdots & & \vdots \\ 0 & 0 & \cdots & s_n \end{bmatrix}=\Xi A_J \end{aligned} \qquad (解\ 3.6)$$

左からΞ^{-1}を掛ければ$\Xi^{-1}A\Xi=A_J$を得る．

（5）式(3.20)の行列Aの特性多項式は

$$\varphi_{(3.20)}(s)=\det\begin{bmatrix} s-10 & 18 \\ -6 & s+11 \end{bmatrix}=s^2+s-2=(s-1)(s+2) \qquad (解\ 3.7)$$

したがって，A の固有値は $s_1=1$, $s_2=-2$ で，対応する固有ベクトル $\xi_1=[a\ b]^T$, $\xi_2=[c\ d]^T$ は

$$\begin{bmatrix} s_1-10 & 18 \\ -6 & s_1+11 \end{bmatrix}\begin{bmatrix} a \\ b \end{bmatrix}=\begin{bmatrix} 0 \\ 0 \end{bmatrix}, \quad \begin{bmatrix} s_2-10 & 18 \\ -6 & s_2+11 \end{bmatrix}\begin{bmatrix} c \\ d \end{bmatrix}=\begin{bmatrix} 0 \\ 0 \end{bmatrix} \quad (\text{解}\ 3.8)$$

を満たす．上の 2 つの連立方程式を解けば，それぞれ

$$a=2\,b, \quad c=\frac{3\,d}{2}$$

を得る．解が簡単な整数になるように $b=1$, $d=2$ とすれば，本文に示した ξ_1, ξ_2 を得る（本文 25 ページの脚注にもあるように，固有ベクトルには定数を掛ける範囲において任意性があることに注意せよ）．式(3.19)の行列 $\varXi$ およびその逆行列は

$$\varXi=\begin{bmatrix} 2 & 3 \\ 1 & 2 \end{bmatrix}, \quad \varXi^{-1}=\begin{bmatrix} 2 & -3 \\ -1 & 2 \end{bmatrix} \quad (\text{解}\ 3.9)$$

式(3.5)の行列の掛け算を実行すれば式(3.23)，(3.24)が得られる．伝達行列の計算は各自行え．ただし，式(3.25)の逆行列は

$$\begin{bmatrix} s-10 & 18 \\ -6 & s+11 \end{bmatrix}^{-1}=\frac{1}{(s+2)(s-1)}\begin{bmatrix} s+11 & -18 \\ 6 & s-10 \end{bmatrix} \quad (\text{解}\ 3.10)$$

(6) $\varXi^{-1}A\varXi=A_J$ より $A\varXi=\varXi A_J$ を得る．A が相異なる n 個の固有値をもてば，A_J は対角行列になる．この場合について，上式を列ごとに書けば

$$A\xi_i=s_i\xi_i \quad (i=1,\ \cdots,\ n)$$

したがって，ξ_i は A の固有ベクトルでなければならない．固有ベクトルはスカラー倍の任意性をもつから，1 組の固有ベクトルの組 $\xi_{10},\cdots,\xi_{n0}$ を使って $\varXi$ のクラスを次式のように表すことができる．

$$\{\varXi=\varXi_0\,\mathrm{diag}(c_1,\ \cdots,\ c_n) \quad (c_i\ \text{は複素数})\}$$

(7) $\varXi$ の逆行列は

$$\varXi^{-1}=\frac{1}{\sqrt{5}\ \omega_0}\begin{bmatrix} -\omega_0 & 0 & \delta\omega_0 & 0 \\ 0 & -\delta & 0 & \delta^2 \\ \omega_0 & 0 & \gamma\omega_0 & 0 \\ 0 & \gamma & 0 & \gamma^2 \end{bmatrix}$$

であるから，変換後の状態方程式の係数行列は

$$\widetilde{A}=\begin{bmatrix} 0 & \gamma\omega_0 & 0 & 0 \\ -\gamma\omega_0 & 0 & 0 & 0 \\ 0 & 0 & 0 & \delta\omega_0 \\ 0 & 0 & -\delta\omega_0 & 0 \end{bmatrix}, \quad \widetilde{B}=\frac{1}{\sqrt{5}}\begin{bmatrix} 0 \\ \delta^2\omega_0 b \\ 0 \\ \gamma^2\omega_0 b \end{bmatrix}$$

$$\widetilde{C}=[\,-\gamma\ \ 0\ \ \delta\ \ 0\,], \quad \widetilde{D}=[\,0\,]$$

状態遷移方程式を $[\tilde{x}_1\ \tilde{x}_2]^T$ と $[\tilde{x}_3\ \tilde{x}_4]^T$ の部分に分けて書き下せば，式 $(3.33)\sim(3.35)$ を得る．

(8) *2* 章の問題(9)の解答より，固有値は $s_1=-2$, $s_2=-2+j$, $s_3=-2-j$ であることがわかる．$(s_1I-A)\xi_1=0$ から，実数の固有値 s_1 に対応する固有ベクトル $\xi_1=(1\ 1\ -1)^T$ を得る．$(s_2I-A)\eta_2=0$ から，複素数の固有値 s_2 に対応する固有ベクトル $\eta_2=[0\ 1-j\ j]^T$ を得る．このベクトルの実部と虚部を使って $\xi_2=[0\ 1\ 0]^T$, $\xi_3=[0\ -1\ 1]$ とする．行列 Ξ およびその逆行列 Ξ^{-1} は

$$\Xi=\begin{bmatrix} 1 & 0 & 0 \\ 1 & 1 & -1 \\ -1 & 0 & 1 \end{bmatrix},\quad \Xi^{-1}=\begin{bmatrix} 1 & 0 & 0 \\ 0 & 1 & 1 \\ 1 & 0 & 1 \end{bmatrix}$$

Ξ を座標変換の行列として等価変換すれば

$$A_{RJ}=\Xi^{-1}A\Xi=\begin{bmatrix} -2 & 0 & 0 \\ 0 & -2 & 1 \\ 0 & -1 & -2 \end{bmatrix}$$

が得られる．これから

$$(sI-A_{RJ})^{-1}=\begin{bmatrix} \dfrac{1}{s+2} & 0 & 0 \\ 0 & \dfrac{s+2}{(s+2)^2+1} & \dfrac{1}{(s+2)^2+1} \\ 0 & \dfrac{-1}{(s+2)^2+1} & \dfrac{s+2}{(s+2)^2+1} \end{bmatrix}$$

$$\Phi_{RJ}(t)=\begin{bmatrix} e^{-2t} & 0 & 0 \\ 0 & e^{-2t}\cos t & e^{-2t}\sin t \\ 0 & -e^{-2t}\sin t & e^{-2t}\cos t \end{bmatrix}$$

であることがわかる．式 (3.6) を $\Phi(t)$ について解いて，$\tilde{\Phi}(t)=\Phi_{RT}(t)$ とすれば，A が式 (2.57) であるときの遷移行列が得られる．

$$\Phi(t)=T\tilde{\Phi}(t)T^{-1}=\Xi\Phi_{RJ}(t)\Xi^{-1}$$

上の掛け算を実行すれば，結果は *2* 章の問題(9)の解答と一致する．

(9) まず $\mu=3$ の場合を考える．$\mu=2, 1$ について式 (3.38) は $(s_0I-A)\xi_{\kappa,1}=\xi_{\kappa,2}$, $(s_0I-A)\xi_{\kappa,2}=\xi_{\kappa,1}$ となる．この2式を順次使い $(s_0I-A)^3\xi_{\kappa,1}=(s_0I-A)^2\xi_{\kappa,2}=(s_0I-A)\xi_{\kappa,1}$ を得る．ξ_{k1} が固有ベクトルだから，$(s_0I-A)\xi_{\kappa,1}$ は零ベクトルに等しい．一般の μ についても同様である．

(10) $A_J\Xi=\Xi A_J$ を示すか，または次式を使って $\Xi^{-1}A_J\Xi$ を計算すればよい．

$$\varXi^{-1}=\begin{bmatrix} 1 & -2 & 4 & -1 & 3 \\ 0 & 1 & -2 & 0 & -1 \\ 0 & 0 & 1 & 0 & 0 \\ 0 & 1 & -3 & 1 & -2 \\ 0 & 0 & 1 & 0 & 1 \end{bmatrix}$$

(11) 式 (3.51) の ξ_{11} に対して, $\xi_{12}=[a\ 1\ 0\ d\ 1]$ を得る. さらに, $\xi_{13}=[a'\ b'\ c'\ d'\ e']$ について式 (3.38) を要素ごとに書き下すと $b'=a$, $c'=1$, $0=0$, $e'=d$, $0=1$ となって, これを満足する ξ_{13} は存在しないことがわかる. 式 (3.52) の ξ_{21} についても, 同様に式 (3.38) を満たす ξ_{23} が存在しない.

【4章】

(1) $sI-J_i$ の j-k 要素の余因子を A_{jk} とする. 行列の構造を注意深く眺めれば

$j<k$ のとき $A_{jk}=0$

$j=k$ のとき $A_{jj}=(s-s_i)^{n_i-1}$

$j>k$ のとき $A_{jk}=(-1)^{j-k}(s-s_i)^{n_i-1-(j-k)}$

であることがわかる (例えば, $n_i=5$ の場合について計算してみよ).

$$\det(sI-J_i)=(s-s_i)^{n_i} \qquad (解\ 4.1)$$

であるから, クラメルの公式により式 (4.4) を得る.

別法として, 式 (4.4) と $(sI-J_i)$ の積を計算し, 単位行列になることを確かめてもよい.

(2) **3**章の問題 (5) の式 (解 3.10) を部分分数展開すれば

$$\begin{bmatrix} s-10 & 18 \\ -6 & s+11 \end{bmatrix}^{-1}=\begin{bmatrix} \dfrac{4}{s-1}-\dfrac{3}{s+2} & -\dfrac{6}{s-1}+\dfrac{6}{s+2} \\ \dfrac{2}{s-1}-\dfrac{2}{s+2} & -\dfrac{3}{s-1}+\dfrac{4}{s+2} \end{bmatrix} \qquad (解\ 4.2)$$

となる. これを逆ラプラス変換すれば, 下記のようになる.

$$\Phi_{(3.20)}(t)=\begin{bmatrix} 4e^t-3e^{-2t} & -6e^t+6e^{-2t} \\ 2e^t-2e^{-2t} & -3e^t+4e^{-2t} \end{bmatrix} \qquad (解\ 4.3)$$

(3) $\varXi^{-1}A\varXi=A_J$ より $\varXi^{-1}A=A_J\varXi^{-1}$ を得る. s_i がすべて単根の場合は $A_J=\mathrm{diag}(s_i)$ である. したがって, $\varXi^{-1}$ の第 i 行 ξ_i^T について $\xi_i^T A=s_i\xi_i^T$ が成り立つ. これは ξ_i^T が A の左固有ベクトルであることを意味する. 式 (4.7) の導出は, 例 4.1 にならって行えばよい.

(4) 一般化固有ベクトル ξ_{11}, ξ_{12}, ξ_{13}; ξ_{21}, ξ_{22} は, 式 (3.42), (3.45), (3.47), (3.43), (3.48) のとおりである. $\varXi^{-1}$ の対応する行 (左一般化固有ベクトルになる) は **3**章の問題(10)の解答により

$$\zeta_{11}{}^T = [\,1 \quad -2 \quad 4 \quad -1 \quad 3\,]$$
$$\zeta_{12}{}^T = [\,0 \quad 1 \quad -2 \quad 0 \quad -1\,]$$
$$\zeta_{13}{}^T = [\,0 \quad 0 \quad -1 \quad 0 \quad 0\,]$$
$$\zeta_{21}{}^T = [\,0 \quad 1 \quad -3 \quad 1 \quad -2\,]$$
$$\zeta_{22}{}^T = [\,0 \quad 0 \quad 1 \quad 0 \quad 1\,]$$

である．$n_1=3$，$n_2=2$ であるから，まず $k=1$ について

$$\Phi_{11} = \xi_{11}\zeta_{11}{}^T + \xi_{12}\zeta_{12}{}^T + \xi_{13}\zeta_{13}{}^T$$

$$= \begin{bmatrix} 1 & -1 & 3 & -1 & 2 \\ 0 & 1 & -1 & 0 & -1 \\ 0 & 0 & 1 & 0 & 0 \\ 0 & -1 & 2 & 0 & 1 \\ 0 & 0 & -1 & 0 & 0 \end{bmatrix}$$

$$\Phi_{21} = \xi_{21}\zeta_{21}{}^T + \xi_{22}\zeta_{22}{}^T$$

$$= \begin{bmatrix} 0 & 1 & -3 & 1 & -2 \\ 0 & 0 & 1 & 0 & 1 \\ 0 & 0 & 0 & 0 & 0 \\ 0 & 1 & -2 & 1 & -1 \\ 0 & 0 & 1 & 0 & 1 \end{bmatrix}$$

したがって，$\Phi_{11}+\Phi_{21}=I$ を得る．$k=2$ については，同様に計算を進めれば

$$\Phi_{12} = \xi_{11}\zeta_{12}{}^T + \xi_{12}\zeta_{13}{}^T, \quad \Phi_{22} = \xi_{21}\zeta_{22}{}^T$$

$$\Phi_{12} + \Phi_{22} = \begin{bmatrix} 0 & 1 & 0 & 0 & 0 \\ 0 & 0 & 1 & 0 & 0 \\ 0 & 0 & 0 & 0 & 0 \\ 0 & 0 & 0 & 0 & 1 \\ 0 & 0 & 0 & 0 & 0 \end{bmatrix}$$

が得られる．$k=3$ については Φ_{13} だけになって

$$\Phi_{13} = \xi_{11}\zeta_{13} = \begin{bmatrix} 0 & 0 & 1 & 0 & 0 \\ 0 & 0 & 0 & 0 & 0 \\ 0 & 0 & 0 & 0 & 0 \\ 0 & 0 & 0 & 0 & 0 \\ 0 & 0 & 0 & 0 & 0 \end{bmatrix}$$

である．以上を式(4.6)に代入すれば次式が得られる．

$$\Phi(t)=\begin{bmatrix} e^{s_0 t} & -te^{s_0 t} & \frac{1}{2}t^2 e^{s_0 t} & 0 & 0 \\ 0 & e^{s_0 t} & -te^{s_0 t} & 0 & 0 \\ 0 & 0 & e^{s_0 t} & 0 & 0 \\ 0 & 0 & 0 & e^{s_0 t} & -te^{s_0 t} \\ 0 & 0 & 0 & 0 & e^{s_0 t} \end{bmatrix}$$

これは，例 3.4 の行列 A_J に式 (4.5) を直接適用して計算した $\Phi(t)$ と一致している．

（5） $e^{s_i t}=e^{\alpha_i t}(\cos\beta_i t+j\sin\beta_i t)$, $e^{s_{i+1} t}=e^{\alpha_i t}(\cos\beta_i t-j\sin\beta_i t)$ および式 (4.13) を式 (4.6) に代入すればよい．

（6） e^{-2t}, te^{-2t}, $e^t \cos 3t$, $e^t \sin 3t$

（7） 2章の問題（9）のシステム (2.57) の特性多項式は，2章の問題（9）の解答のとおりである．ラウス表をつくると**解表 4.1** となるから，このシステムは安定である．

前問（6）のシステムについては，特性方程式が
$$\varDelta_{(4.41)}(s)=s^5+4s^4+10s^3+44s^2+104s+80$$
で，ラウス表は**解表 4.2** のとおりである．ゆえにこのシステムは不安定である．

解表 4.1 2章の問題（9）のラウス表

1	13
6	10
68/6	

解表 4.2 前問（6）のラウス表

1	10	104
4	44	80
−1	84	
380		

（8） $\alpha=1/136$ とおけば
$$P=\begin{bmatrix} 41 & 14 & 9 \\ 14 & 51 & 17 \\ 9 & 17 & 34 \end{bmatrix}\alpha$$

P の左上隅主座標行列式はそれぞれつぎの値をとる．
$$P_1=41\alpha, \quad P_2=1\,895\alpha^2, \quad P_3=52\,734\alpha^3$$

P_1, P_2, P_3 が正なので，シルベスタの定理により P は正定値行列である．

【5 章】

解答に入る前に可制御性の条件を整理して，定理 5.1 および定理 5.2 の証明方法を説明しておく．つぎの2つの条件に新たに番号をつける．

（C0） システム (2.1) が可制御である．

(C3) 次式(解 5.1)が恒等的に成立する 0 でない定数ベクトル η は存在しない。
$$\eta^T \Phi(t) B = 0^T \qquad (\text{解} 5.1)$$

本文の定理 5.1 および定理 5.2 は，条件 (C0), (C1a), (C1b), (C2a), (C2b) の等価性を主張するものである。このなかで，(C2a) と (C2b) の等価性は本文で述べたとおり行列の理論により保証されている。また，条件の包含関係から，(C1b)→(C1a) は明らかである。以下，問題 (1) で式 (5.2) の入力に対して $x(t_f) = x_f$ となることを具体的に示して，(C1b)→(C0) を証明する。問題 (2) では (C0)→(C3)→(C1b) を背理法で示す。問題 (5) で (C1a)→(C2a)→(C3) を背理法で示す。以上で，定理 5.1 および定理 5.2 の証明が完成する（**解図 5.1** のとおり）。

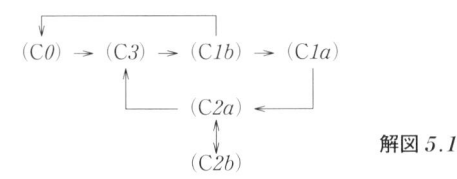

```
        ┌──────────────────────────┐
        ↓                          │
    (C0) → (C3) → (C1b) → (C1a)
              ↑            │
            (C2a) ←────────┘
              ↑
            (C2b)
```

解図 5.1

(1) 条件 (C1b) により，任意の t_f, x_f に対して式 (5.2) の入力をつくることができる。この入力を公式 2.1 に代入すると次式が得られる。
$$x(t_f) = \Phi(t_f - t_0) x_0 - \int_{t_0}^{t_f} \Phi(t_f - \tau) B B^T \Phi(t_0 - \tau)^T W(t_f - t_0)^{-1} \Delta x \, d\tau \qquad (\text{解} 5.2)$$

この式を公式 2.2 を使って変形すれば（τ に依存しない因子は積分の外に出す）
$$x(t_f) = \Phi(t_0 - t_f)^{-1} \left\{ x_0 - \int_{t_0}^{t_f} \Phi(t_0 - \tau) B B^T \Phi(t_0 - \tau)^T d\tau \, W(t_f - t_0)^{-1} \Delta x \right\} \qquad (\text{解} 5.3)$$

となり，さらに積分変数の変換 ($\tau - t_0 \to \tau$) を行って，式 (5.1), (5.3) を使えば
$$x(t_f) = \Phi(t_0 - t_f)^{-1} \left\{ x_0 - \int_0^{t_f - t_0} \Phi(-\tau) B B^T \Phi(-\tau)^T d\tau \, W(t_f - t_0)^{-1} \Delta x \right\}$$
$$= \Phi(t_0 - t_f)^{-1} [x_0 - \{x_0 - \Phi(t_0 - t_f) x_f\}] = x_f \qquad (\text{解} 5.4)$$

を得る。以上で，条件 (C1b) → 条件 (C0) が示された。

(2) [(C0)→(C3) の証明]　(C3) を否定，すなわち 0 でない定数ベクトル η があって，式 (解 5.1) が恒等的に成り立つとする。システムが可制御だから，（任意の）t_1 に対して，$x(0) = \eta$, $x(t_1) = 0$ となる入力 $u_1(t)$ が存在する。すなわち
$$0 = \Phi(t_1) \eta + \int_0^{t_1} \Phi(t_1 - \tau) B u_1(\tau) d\tau \qquad (\text{解} 5.5)$$

が成立する。これを η について解けば

$$\eta = -\Phi(t_1)^{-1}\int_0^{t_1}\Phi(t_1-\tau)Bu_1(\tau)d\tau = -\int_0^{t_1}\Phi(-\tau)Bu_1(\tau)d\tau \quad (\text{解}5.6)$$

となり,さらに左から η^T を掛けると

$$\|\eta\|^2 = \eta^T\eta = -\int_0^{t_1}\eta^T\Phi(-\tau)Bu_1(\tau)d\tau \quad (\text{解}5.7)$$

となる。仮定により右辺は 0 である。しかし,これは左辺(すなわち η が 0 でないこと)と矛盾する。

[(C3)→(C1b) の証明] (C1b) を否定,すなわち,ある $t_1(>0)$ について $W(t_1)$ が正則でないとする。このとき 0 でないベクトル η があって $W(t_1)\eta=0$ となる。したがって

$$0 = \eta^T W(t_1)\eta = \int_0^{t_1}\eta^T\Phi(-\tau)BB^T\Phi(-\tau)^T\eta d\tau = \int_0^{t_1}\|\eta^T\Phi(-\tau)B\|^2 d\tau \quad (\text{解}5.8)$$

となる。∥ ∥のなかは連続関数であるから,区間 $[-t_1,0]$ において,式(解 5.1)が成立する。$\eta^T\Phi(t)B$ は t の正則関数であるから,$\eta^T\Phi(t)B$ は恒等的に 0 である。

(3) 式(2.23)の遷移行列を式(5.1)に代入すれば,式(2.26)が得られる。

(4) $t_0=0$, $x_f=0$ の場合について示す(一般の t_0, x_f については,時間軸および空間軸の原点を移動することによって,この場合に帰着できる)。$x(0)=x_0$ を $x(t_f)=0$ へ動かす一般的な入力を $u(t)$,式(5.2)の入力を $u_0(t)$ と記す。$\Delta u(t) = u(t)-u_0(t)$ とおいて

$$0 = \Phi(t_f)x_0 + \int_0^{t_f}\Phi(t_f-\tau)Bu(\tau)d\tau \quad (\text{解}5.9)$$

に代入すれば

$$\int_0^{t_f}\Phi(t_f-\tau)B\Delta u(\tau)d\tau = 0 \quad (\text{解}5.10)$$

となる。一方

$$\int_0^{t_f}\|u(\tau)\|^2 d\tau = \int_0^{t_f}\|u_0(\tau)\|^2 d\tau + 2\int_0^{t_f}u_0(\tau)^T\Delta u(\tau)d\tau + \int_0^{t_f}\|\Delta u(\tau)\|^2 d\tau \quad (\text{解}5.11)$$

である。式(5.2), (5.3)を使って第 2 項を計算すれば

$$\int_0^{t_f}u_0(\tau)^T\Delta u(\tau)d\tau = -\int_0^{t_f}x_0^T W(t_f)^{-T}\Phi(-\tau)B\Delta u(\tau)d\tau$$

$$= -x_0^T W(t_f)^{-T}\Phi(-t_f)\int_0^{t_f}\Phi(t_f-\tau)B\Delta u(\tau)d\tau \quad (\text{解}5.12)$$

となる。式(解 5.10)より式(解 5.12)は 0 である。よって,式(解 5.11)より,

$\int_0^{t_f} \|u(\tau)\|^2 d\tau$ は $\Delta u(t)=0$ $(0 \leq t \leq t_f)$ のときに最小となる。

(5) まず，可制御性グラミアンと可制御行列の関係を導く。式(2.43)，(2.44)および式(2.47)により

$$\Phi(t) = \phi_{n-1}(t)I + \phi_{n-2}(t)A + \cdots + \phi_0(t)A^{n-1} \qquad (解5.13)$$

$$\phi_k(t) = \mathcal{L}^{-1}\left[\frac{P_k(s)}{\Delta_A(s)}\right] \qquad (解5.14)$$

である。よって，$\phi_{n-1}(t)$, ϕ_{n-2}, $\cdots$, $\phi_0(t)$ がつくるベクトルを $\Psi(t)$ とおけば

$$\Phi(t)B = [B \ \ AB \ \ \cdots \ \ A^{n-1}B]\Psi(t) = U_c\Psi(t) \qquad (解5.15)$$

となる。したがって

$$W(t) = U_c \int_0^t \Phi(-\tau)\Phi(-\tau)^T d\tau U_c^T \qquad (解5.16)$$

である。5 章の問題の解答のはじめに述べたように，(C1a)→(C2a)→(C3) を示せば証明は完成する。

[(C1a)→(C2a) の証明] (C2a) を否定すると，0 でない定数ベクトル η が存在して

$$\eta^T U_c = 0^T \qquad (解5.17)$$

となる。よって，式(解5.16)の両辺に左から η を掛ければ

$$\eta^T W(t) = 0^T \qquad (解5.18)$$

となる。すなわち，ある t に対して $W(t)$ は正則でない。

[(C2a)→(C3) の証明] (C3) を否定すれば，0 でない定数ベクトル η が存在して

$$\eta^T \Phi(t)B = 0^T \qquad (解5.19)$$

が恒等的に成立する。t で微分して式(2.10)を使うことを繰り返せば

$$\eta^T A^k \Phi(t)B = 0^T \quad (k=1, \cdots, n-1) \qquad (解5.20)$$

を得る。したがって，$t=0$ とおいて式(2.15)を使えば

$$\eta^T U_c = [B \ \ AB \ \ \cdots \ \ A^{n-1}B] = 0^T \qquad (解5.21)$$

を得る。これは U_c のランクが n でないことを意味する。

(6) 例2.1によりパラメータ a_2, a_3, b はすべて0でない。4つの行の1次結合の係数を x, y, z, w とおいて，それが零ベクトルであると仮定する。

$$x[0 \ 0 \ 0 \ a_2b] + y[0 \ 0 \ a_2b \ 0] + z[0 \ b \ 0 \ -a_3b]$$
$$+ w[b \ 0 \ -a_3b \ 0] = [0 \ 0 \ 0 \ 0]$$

項別に書き下せば

$$wb=0, \quad zb=0, \quad ya_2b - wa_3b = 0, \quad xa_2b - za_3b = 0$$

となる。最初の2式より $w=0$, $z=0$。これを第3，第4式に代入して $y=0$，

$x=0$ を得る。したがって，4つの行は1次独立である。

(7) 第1列 $\times a_3$ を第3列に，第2列 $\times a_3$ を第4列に加えれば

$$U_c'=\begin{bmatrix} 0 & 0 & 0 & a_2b \\ 0 & 0 & a_2b & 0 \\ 0 & b & 0 & 0 \\ b & 0 & 0 & 0 \end{bmatrix}$$

が得られる。$\det U_c'=a_2{}^2b^4\neq 0$ であるから，ランクは4である。

(8) 定義に従って可制御性行列を計算すれば

$$U_c=\begin{bmatrix} 2 & 2 & 2 & 22 & 2 & -140 \\ 1 & 2 & 1 & 22 & 1 & -12 \\ -1 & 1 & -1 & -14 & -1 & -4 \end{bmatrix}$$

となる。これの第1列，第2列，第4列でつくった 3×3 の行列式の値が $-50(\neq 0)$ であるから，この行列のランクは3である。よって，システムは可制御である。

（備考）$U_{ck}=[B\quad AB\quad \cdots\quad A^{k-1}B]$ のランクが n になるとき，可制御指数が k であるという。本例の可制御指数は2である。

可観測性行列を定義によってつくる。

$$U_o=\begin{bmatrix} 0 & 1 & 1 \\ 2 & -1 & 3 \\ 2 & 0 & 4 \\ -2 & -4 & -8 \\ 0 & -4 & -4 \\ -8 & 4 & -12 \end{bmatrix}$$

第1列 $\times(-2)+$ 第2列 $\times(-1)$ を第3列に加えると

$$U_o'=\begin{bmatrix} 0 & 1 & 0 \\ 2 & -1 & 0 \\ 2 & 0 & 0 \\ -2 & -4 & 0 \\ 0 & -4 & 0 \\ -8 & 4 & 0 \end{bmatrix}$$

となる。この行列の 3×3 の小行列式はすべて0であり，左上隅の 2×2 の小行列式は -2 で0でない。よって，U_o' のランク（$=U_o$ のランク）は2である。したがって，可観測でない。

(9) 式(2.14)に留意すれば，式(5.13)より

$$\varDelta y=C\varPhi(t-t_0)x_0$$

これを式(5.12)の右辺に代入し，さらに積分変数を変換して $(t-t_0\to\tau)$

$$\text{式}(5.12)\text{の右辺} = M(t_f-t_0)^{-1}\int_{t_0}^{t_f}\Phi(t-t_0)^TC^TC\Phi(t-t_0)dt x_0$$

$$= M(t_f-t_0)^{-1}\int_0^{t_f-t_0}\Phi(\tau)^TC^TC\Phi(\tau)d\tau x_0 = x_0$$

が得られる。

(10) 可制御性の場合の証明と同様（ただし，行列とベクトルは転置）に証明すればよい。

【6章】

(1) 式(6.3)〜(6.5)より

$$\begin{bmatrix} m_1s^2+k_1+k_2 & -k_2 \\ -k_2 & m_2s^2+k_2 \end{bmatrix}\begin{bmatrix} Z_1(s) \\ Z_2(s) \end{bmatrix} = \begin{bmatrix} 0 \\ 1 \end{bmatrix}U(s)$$

$$Y(s) = [1\ 0]\begin{bmatrix} Z_1(s) \\ Z_2(s) \end{bmatrix}$$

であるので

$$Y(s) = [1\ 0]\begin{bmatrix} m_1s^2+k_1+k_2 & -k_2 \\ -k_2 & m_2s^2+k_2 \end{bmatrix}^{-1}\begin{bmatrix} 0 \\ 1 \end{bmatrix}U(s)$$

となり，これから式(6.7)を得る。

(2) ($sI-$コンパニオン行列）の逆行列は，下記のようになることを用いる（確かめよ）。ただし，式中の※印は計算をする必要がないことを示す。

$$[c_1\ c_2\ c_3\cdots c_n]\begin{bmatrix} s & -1 & 0 & \cdots & 0 \\ 0 & s & -1 & \cdots & 0 \\ \vdots & \vdots & \vdots & & \vdots \\ 0 & 0 & 0 & \cdots & -1 \\ a_0 & a_1 & a_2 & \cdots & s+a_{n-1} \end{bmatrix}^{-1}\begin{bmatrix} 0 \\ 0 \\ 0 \\ \vdots \\ 0 \\ 1 \end{bmatrix}$$

$$= \frac{[c_1\ c_2\ c_3\cdots c_n]}{s^n+a_{n-1}s^{n-1}+\cdots+a_2s^2+a_1s+a_0}\begin{bmatrix} & & & 1 \\ & & & s \\ & ※ & & \vdots \\ & & & s^{n-2} \\ & & & s^{n-1} \end{bmatrix}\begin{bmatrix} 0 \\ 0 \\ 0 \\ \vdots \\ 0 \\ 1 \end{bmatrix}$$

(3) 時間遅れ要素の伝達関数に関しては，初期条件が0に対応する仮定として

$$u(t)=0 \quad (-T_L\leq t\leq 0)$$

を用いる。したがって，式(6.17)より

$$Y(s) = \int_0^\infty y(t)e^{-st}dt = \int_0^\infty u(t-T_L)e^{-st}dt = \int_{T_L}^\infty u(t-T_L)e^{-st}dt$$
$$= \int_0^\infty u(t)e^{-s(t+T_L)}dt = e^{-T_L s}\int_0^\infty u(t)e^{-st}dt = e^{-T_L s}U(s)$$

となる。ただし,途中で変数変換 $t-T_L \to t$ を用いた。

(4) フィードバック結合の関係から

$$u_1 = v \mp y_2, \quad u_2 = y_1, \quad z = y_1$$

であるので

$$K = \begin{bmatrix} 0 & \mp 1 \\ 1 & 0 \end{bmatrix}, \quad L = \begin{bmatrix} 1 \\ 0 \end{bmatrix}, \quad M = [\,1\ \ 0\,], \quad D = 0$$

である。ただし,−はネガティブフィードバック,+はポジティブフィードバックの場合をそれぞれ示す。上式を式(6.32),(6.33)に代入すると,式(6.36)が得られる。

(5) 定理 6.1 の証明

① 式(3.7)である。
② 証明にはつぎの補題 6.1 を用いる。

【補題 6.1】

ⅰ) 式(6.19)は可制御でないと仮定する。このとき,式(6.19)は等価変換 $x = T\tilde{x}$ により

$$\dot{\tilde{x}} = T^{-1}AT\tilde{x} + T^{-1}Bu = \begin{bmatrix} A_1 & 0 \\ A_3 & A_2 \end{bmatrix}\tilde{x} + \begin{bmatrix} 0 \\ B_2 \end{bmatrix}u, \quad y = [\,C_1\ \ C_2\,]\tilde{x}$$

(解 6.1)

に変換できる。ただし

$$\text{rank}[\,B\ \ AB\ \cdots\ A^{n-1}B\,] = n_c \quad (解 6.2)$$

とすると,A_2 は $n_c \times n_c$,A_1 は $(n-n_c)\times(n-n_c)$ 行列である。n_c は可制御でない仮定から $n_c < n$ である。

ⅱ) (A, B) が可制御である必要十分条件は,任意の複素数 λ に対して

$$\text{rank}[\,\lambda I - A\ \ B\,] = n \quad (解 6.3)$$

となることである。

【補題の証明】 まず,変換行列 T を決めるため,可制御性行列 $[\,B\ \ AB\ \cdots\ A^{n-1}B\,]$ から n_c 本の独立な列ベクトル $t_{n-n_c-1}, t_{n-n_c-2}, \cdots, t_n$ を任意に選ぶ(ランクが n_c だからつねに存在する)。このとき,t_j は $A^k b_l$ の形であるから,At_j は再び $[\,B\ \ AB\ \cdots\ A^{n-1}B\,]$ の列ベクトルであるか,$A^n b_l$(b_l は B の列ベクトル)の形である。後者の場合,行列の

ケーリー–ハミルトンの定理により
$$A^n = -a_{n-1}A^{n-1} - a_{n-2}A^{n-2} - \cdots - a_1 A - a_0 I$$
であるので
$$A^n b_l = -a_{n-1}A^{n-1}b_l - a_{n-2}A^{n-2}b_l - \cdots - a_1 A b_l - a_0 b_l$$
となり, $A^n b_l$ は可制御性行列の列ベクトルの線形結合になっている. したがって, $n \times n_c$ 行列 T_2 を
$$T_2 = [\,t_{n-n_c-1} \quad t_{n-n_c-2} \quad \cdots \quad t_n\,]$$
で定義すると, AT_2 は適当な $n_c \times n_c$ 行列 A_2 により
$$AT_2 = A_2 T_2 \tag{解 6.4}$$
と書ける. また, T_2 の定義から, ある $n_c \times m$ 行列 B_2 により
$$B = T_2 B_2 \tag{解 6.5}$$
となる. つぎに $n \times (n - n_c)$ 行列 T_1 を
$$T = [\,T_1 \quad T_2\,]$$
が正則行列になるように決める. T が正則であることから AT_1 は T の列ベクトルの線形結合となっているので, 適当な行列 A_1, A_2 により
$$AT_1 = T_1 A_1 + T_2 A_3 \tag{解 6.6}$$
となる. よって, 式(解 6.4)〜(解 6.6)により
$$A[\,T_1 \quad T_2\,] = [\,T_1 \quad T_2\,]\begin{bmatrix} A_1 & 0 \\ A_3 & A_2 \end{bmatrix},\quad B = [\,T_1 \quad T_2\,]\begin{bmatrix} 0 \\ B_2 \end{bmatrix} \tag{解 6.7}$$
である. これらの関係から, 変換行列 T により, 式(6.19)は式(解 6.1)の形になることが示された. ただし
$$C[\,T_1 \quad T_2\,] = [\,C_1 \quad C_2\,]$$
とおいた. 以上で i) が示された. ii) は i) から簡単に示されるので省略する (**補題の証明終わり**).

さて, ②の証明に戻ろう. はじめに可制御・可観測なら最小実現であることを背理法で示す. そこで, 式(6.19)は可制御でないと仮定する. このとき, 上の補題から式(6.19)は変換行列 T によって式(解 6.1)の形に変換できる. 変換行列によっても伝達関数は変わらないので
$$G(s) = C(sI - A)^{-1}B = [\,C_1 \quad C_2\,]\begin{bmatrix} sI - A_1 & 0 \\ -A_3 & sI - A_2 \end{bmatrix}^{-1}\begin{bmatrix} 0 \\ B_2 \end{bmatrix}$$
$$= C_2(sI - A_2)^{-1}B_2$$
である. よって, (C_2, A_2, B_2) も $G(s)$ の状態実現であり, 次元 n_2 は (C, A, B) の次元 n より小さい. すなわち, (C, A, B) は最小実現でない. 以上は (C, A, B) が可制御でないときに説明したが, 可観測でないときにも同様に

最小実現でないことを示すことができる。よって，「最小実現 → 可制御・可観測」でなければならない。

つぎに，「可制御・可観測 → 最小実現」を証明しよう。そこで (C, A, B) は n 次の可制御・可観測な $G(s)$ の実現，$(\bar{C}, \bar{A}, \bar{B})$ は $\bar{n}$ 次の最小実現（したがって可制御・可観測）とする。最小実現であることから $n \geq \bar{n}$ である。また，$G(s)$ の実現であるので

$$G(s) = C(sI-A)^{-1}B \left(= \frac{CB}{s} + \frac{CAB}{s^2} + \frac{CA^2B}{s^3} + \cdots \right)$$

$$= \bar{C}(sI-\bar{A})^{-1}\bar{B} \left(= \frac{\bar{C}\bar{B}}{s} + \frac{\bar{C}\bar{A}\bar{B}}{s^2} + \frac{\bar{C}\bar{A}^2\bar{B}}{s^3} + \cdots \right)$$

であり，したがって，$CA^kB = \bar{C}\bar{A}^k\bar{B}$ $(k=1, 2, \cdots)$ となるので

$$\begin{bmatrix} C \\ CA \\ \vdots \\ CA^{n-1} \end{bmatrix} [B \ AB \ \cdots \ A^{n-1}B] = \begin{bmatrix} \bar{C} \\ \bar{C}\bar{A} \\ \vdots \\ \bar{C}\bar{A}^{n-1} \end{bmatrix} [\bar{B} \ \bar{A}\bar{B} \ \cdots \ \bar{A}^{n-1}\bar{B}]$$

が成立する。(A, B, C) および $(\bar{A}, \bar{B}, \bar{C})$ の可制御・可観測性により，左辺の行列のランクは n，右辺の行列のランクは $\bar{n}$ であるが，上の等式からもちろん両者は等しくなければならない。よって，可制御・可観測性であれば最小実現である。

(6) 以下では直列結合系についての解答を示す。並列結合系やフィードバック系についても同様にできるので，読者自身で確かめられたい。

まず，① 直列結合系の括弧部分以外の証明を述べる。状態方程式は，式(6.34)で与えられ，状態の次元 n_1+n_2 である。はじめに，$G_1(s)G_2(s)$ に分母・分子の消去があると仮定すると，分母・分子を消去したシステムは n_1+n_2 次未満の状態方程式で書ける。したがって，定理6.1より式(6.34)は可制御でないか可観測でない，あるいはそのどちらでもない。反対に分母・分子の消去がないときは，例えば式(6.16)の状態実現は n_1+n_2 の最小実現で，式(6.34)と等価である。

例を示す。サブシステム1，2の伝達関数および状態方程式（最小実現）をそれぞれ

サブシステム1：$G_1(s) = \dfrac{s}{(s+1)^2}$

$$\dot{x}_1 = \begin{bmatrix} 0 & 1 \\ -1 & -2 \end{bmatrix} x_1 + \begin{bmatrix} 0 \\ 1 \end{bmatrix} u_1, \quad y_1 = [0 \ 1] x_1$$

サブシステム2：$G_2(s) = \dfrac{1}{s(s-1)}$

$$\dot{x}_2 = \begin{bmatrix} 0 & 1 \\ 0 & 1 \end{bmatrix} x_2 + \begin{bmatrix} 0 \\ 1 \end{bmatrix} u_2, \quad y_2 = [\,1\ \ 0\,] x_2$$

とする.これらの直列結合系(図 6.3(b))の状態方程式は

$$\begin{bmatrix} \dot{x}_1 \\ \dot{x}_2 \end{bmatrix} = \begin{bmatrix} 0 & 1 & 0 & 0 \\ 0 & 1 & 0 & 1 \\ 0 & 0 & 0 & 1 \\ 0 & 0 & -1 & -2 \end{bmatrix} \begin{bmatrix} x_1 \\ x_2 \end{bmatrix} + \begin{bmatrix} 0 \\ 0 \\ 0 \\ 1 \end{bmatrix} v$$

$$z = [\,1\ \ 0\ \ 0\ \ 0\,] \begin{bmatrix} x_1 \\ x_2 \end{bmatrix}$$

となる.可制御性行列と可観測性行列の行列式を計算すると,それぞれ

$$|U_c| = \begin{vmatrix} 0 & 0 & 1 & -1 \\ 0 & 1 & -1 & 2 \\ 0 & 1 & -2 & 3 \\ 1 & -2 & 3 & -4 \end{vmatrix} = 0, \quad |U_o| = \begin{vmatrix} 1 & 0 & 0 & 0 \\ 0 & 1 & 0 & 0 \\ 0 & 1 & 0 & 1 \\ 0 & 1 & -1 & -1 \end{vmatrix} = 1$$

となり,直列結合系は可観測,非可制御である.

 サブシステム 1, 2 を入れ替えると,可制御・非可観測となることは各自確かめられたい.

【7 章】

(1) ① t_k の定義より

$$t_n = B$$
$$t_{n-1} = a_{n-1} t_n + A t_n = a_{n-1} B + AB$$
$$t_{n-2} = a_{n-2} t_n + A t_{n-1} = a_{n-2} B + a_{n-1} AB + A^2 B$$
$$\cdots$$
$$t_1 = a_1 t_n + A t_{n-2} = a_1 B + a_2 AB + \cdots + a_{n-1} A^{n-2} B + A^{n-1} B$$

である.これらから

$$T = [\,t_1\ \cdots\ t_{n-2}\ t_{n-1}\ t_n\,]$$

$$= [\,A^{n-1} B\ \cdots\ A^2 B\ AB\ B\,] \begin{bmatrix} 1 & \cdots & 0 & 0 & 0 \\ a_{n-1} & \ddots & 0 & 0 & 0 \\ \cdots & \cdots & \cdots & \cdots & \cdots \\ \cdots & \cdots & 1 & 0 & 0 \\ a_2 & \cdots & a_{n-1} & 1 & 0 \\ a_1 & \cdots & a_{n-2} & a_{n-1} & 1 \end{bmatrix}$$

となる.よって可制御性の仮定から

$$\mathrm{rank}\,T = \mathrm{rank}[\,A^{n-1} B\ \cdots\ A^2 B\ AB\ B\,] = n$$

であるので，T は正則である。

② やはり t_k の定義を用いると

$$A[\ t_1\ \ t_2\ \ \cdots\ \ t_{n-1}\ \ t_n\ ]$$
$$=[\ t_1\ \ t_2\ \ \cdots\ \ t_{n-1}\ \ t_n\ ]\begin{bmatrix} 0 & 1 & 0 & \cdots & 0 \\ 0 & 0 & 1 & \cdots & 0 \\ & \cdots & & \ddots & \\ 0 & 0 & & \cdots & 1 \\ -a_0 & -a_1 & -a_2 & \cdots & -a_{n-1} \end{bmatrix}$$

$$B=[\ t_1\ \ t_2\ \ \cdots\ \ t_{n-1}\ \ t_n\ ]\begin{bmatrix} 0 \\ 0 \\ \vdots \\ 0 \\ 1 \end{bmatrix}$$

を得る。ただし，$At_1 = -a_0 t_n$ が成り立つことを確かめるには，行列 A に関するケーリー–ハミルトンの定理

$$A^n + a_{n-1}A^{n-1} + \cdots + a_1 A + a_0 I = 0$$

を利用する。上の式から $\widehat{A} = T^{-1}AT$, $\widehat{B} = T^{-1}B$ は可制御正準形であることがわかる。

(2) ① 可制御正準形による方法

$$|sI-A| = \begin{vmatrix} s-3 & 1 \\ -1 & s-1 \end{vmatrix} = s^2 - 4s + 4 \Rightarrow a_0 = 4,\ a_1 = -4$$

$$t_2 = B = \begin{bmatrix} 2 \\ 1 \end{bmatrix}$$

$$t_1 = a_1 t_2 + A t_2 = -4\begin{bmatrix} 2 \\ 1 \end{bmatrix} + \begin{bmatrix} 3 & -1 \\ 1 & 1 \end{bmatrix}\begin{bmatrix} 2 \\ 1 \end{bmatrix} = \begin{bmatrix} -3 \\ -1 \end{bmatrix}$$

より

$$T = \begin{bmatrix} -3 & 2 \\ -1 & 1 \end{bmatrix}$$

である。よって $\widehat{A}$, $\widehat{B}$ は

$$\widehat{A} = T^{-1}AT = \begin{bmatrix} -1 & 2 \\ -1 & 3 \end{bmatrix}\begin{bmatrix} 3 & -1 \\ 1 & 1 \end{bmatrix}\begin{bmatrix} -3 & 2 \\ -1 & 1 \end{bmatrix} = \begin{bmatrix} 0 & 1 \\ -4 & 4 \end{bmatrix},\quad \widehat{B} = \begin{bmatrix} 0 \\ 1 \end{bmatrix}$$

である。一方，固有値が -1, -2 である特性多項式は

$$(\lambda+1)(\lambda+2) = \lambda^2 + 3\lambda + 2$$

であるので，可制御標準形に対する状態フィードバック制御 (7.7) は，式 (7.8) により

$$\lambda^2+(-4-\hat{k}_1)\lambda+(4-\hat{k}_0)=\lambda^2+3\lambda+2$$

となるように選べばよい。よって，$\hat{k}_1=-7$, $\hat{k}_0=2$ を得る。これをもとのシステムに対する状態フィードバックゲインに直すと，式(7.9)より

$$K=[\,k_0\ \ k_1\,]=\hat{K}T^{-1}=[\,2\ \ -7\,]\begin{bmatrix}-1 & 2 \\ -1 & 3\end{bmatrix}=[\,5\ \ -17\,]$$

となる。

② 極指定アルゴリズム（(2)—正準形によらない場合）による方法

行列 $T^{-1}B$ の1要素を非零，他を零にする正則変換行列 T^{-1} のひとつは

$$T^{-1}=\begin{bmatrix}1 & -2 \\ 0 & 1\end{bmatrix}$$

で与えられる。これにより，$\hat{A}$, $\hat{B}$ は

$$\hat{A}=T^{-1}AT=\begin{bmatrix}1 & -2 \\ 0 & 1\end{bmatrix}\begin{bmatrix}3 & -1 \\ 1 & 1\end{bmatrix}\begin{bmatrix}1 & 2 \\ 0 & 1\end{bmatrix}=\begin{bmatrix}1 & -1 \\ 1 & 3\end{bmatrix},\quad \hat{B}=\begin{bmatrix}0 \\ 1\end{bmatrix}$$

となる。よって，アルゴリズムのステップ④の方程式は

$$\begin{vmatrix}\lambda-1 & 1 \\ -1-\hat{k}_0 & \lambda-3-\hat{k}_1\end{vmatrix}=\lambda^2+3\lambda+2$$

となる。したがって，この左辺を展開し両辺の係数を比較することにより，$\hat{k}_0$, $\hat{k}_1$ に関する線形方程式

$$-4-\hat{k}_1=3,\quad (1+\hat{k}_0)+(3+\hat{k}_1)=2$$

を得る。これを解くと $\hat{K}=[\,\hat{k}_0\ \ \hat{k}_1\,]=[\,5\ \ -7\,]$ となる。よって

$$K=\hat{K}T^{-1}=[\,5\ \ -7\,]\begin{bmatrix}1 & -2 \\ 0 & 1\end{bmatrix}=[\,5\ \ -17\,]$$

となる。

③ 極指定アルゴリズム（(3)—正田・木村の方法）による方法

指定したい極の位置は $\lambda_1=-1$, $\lambda_2=-2$ である。また，1入力系であるので η_i はすべて1に選べばよい。よって

$$\xi_1=(\lambda_1 I-A)^{-1}B=\begin{bmatrix}-4 & 1 \\ -1 & -2\end{bmatrix}^{-1}\begin{bmatrix}2 \\ 1\end{bmatrix}=\frac{1}{9}\begin{bmatrix}-5 \\ -2\end{bmatrix}$$

$$\xi_2=(\lambda_1 I-A)^{-1}B=\begin{bmatrix}-5 & 1 \\ -1 & -3\end{bmatrix}^{-1}\begin{bmatrix}2 \\ 1\end{bmatrix}=\frac{1}{16}\begin{bmatrix}-7 \\ -3\end{bmatrix}$$

となる。よって，式(7.11)より

$$K=[\,1\ \ 1\,]\begin{bmatrix}-5/9 & -7/16 \\ -2/9 & -3/16\end{bmatrix}^{-1}=[\,5\ \ -17\,]$$

を得る。

(3) 最初に $A+HC$ の固有値が $\{-1,\ -1\}$ となるように H を決める。例えば，極

指定アルゴリズム（(2)—正準形によらない場合）に対応する手法を用いよう。

まず，CT の第 1 要素が非零，他は零になるように正則変換行列 T を決める。T の一つは

$$T=\begin{bmatrix} 1 & -1 \\ 0 & 1 \end{bmatrix}$$

で与えられる。この T による等価変換 $z=T^{-1}x$ を行うと，A 行列と C 行列はそれぞれ

$$\widehat{A}=T^{-1}AT=\begin{bmatrix} 1 & 1 \\ 0 & 1 \end{bmatrix}\begin{bmatrix} 3 & -1 \\ 1 & 1 \end{bmatrix}\begin{bmatrix} 1 & -1 \\ 0 & 1 \end{bmatrix}=\begin{bmatrix} 4 & -4 \\ 1 & 0 \end{bmatrix}$$

$$\widehat{C}=CT=\begin{bmatrix} 1 & 1 \end{bmatrix}\begin{bmatrix} 1 & -1 \\ 0 & 1 \end{bmatrix}=\begin{bmatrix} 1 & 0 \end{bmatrix}$$

となる。つぎに

$$|\lambda I-(\widehat{A}+\widehat{H}\widehat{C})|=\begin{vmatrix} \lambda-4-\widehat{h}_0 & 4 \\ -1-\widehat{h}_1 & \lambda \end{vmatrix}=(\lambda+1)^2$$

となるように，係数比較を比較して $\widehat{h}_0$，$\widehat{h}_1$ を決める。

$\widehat{h}_0=-6$, $\widehat{h}_1=-3/4$

よって，H は

$$H=T\widehat{H}=\begin{bmatrix} 1 & -1 \\ 0 & 1 \end{bmatrix}\begin{bmatrix} -6 \\ -3/4 \end{bmatrix}=\begin{bmatrix} -21/4 \\ -3/4 \end{bmatrix}$$

となる。したがって，オブザーバの方程式は，式(7.13)から

$$\dot{\widehat{x}}(t)=\begin{bmatrix} -9/4 & -25/4 \\ 1/4 & 1/4 \end{bmatrix}\widehat{x}(t)+\begin{bmatrix} 2 \\ 1 \end{bmatrix}u(t)+\begin{bmatrix} 21/4 \\ 3/4 \end{bmatrix}y(t)$$

となる。

(4) 出力フィードバック安定化コントローラは**図 7.2** の破線部分で示され

$\dot{\widehat{x}}=A\widehat{x}+Bu+H(C\widehat{x}-y)$

$u=K\widehat{x}$

であるので，安定化コントローラの状態方程式は

$\dot{\widehat{x}}=(A+HC+BK)\widehat{x}-Hy$

$u=K\widehat{x}$

で与えられる。これに，前問(2)，(3)で得られた K, H を代入すればよい。

(5) 閉ループ特性方程式は

$(s+1)(s^2+1)+(2s+1)=s^3+s^2+3s+2=0$

であるので，3 つの解の実部は，ラウスの方法により負であることが確かめられる。よって，フィードバック制御系は安定である。また，目標値のラプラス

変換は適当な定数 α, β により

$$Y_d(s) = \frac{\alpha s + \beta}{s^2 + 1}$$

と書ける。よって，定常偏差は最終値定理により

$$\lim_{t \to \infty} e(t) = \lim_{s \to 0} sE(s)$$
$$= \lim_{s \to 0} s \frac{1}{1 + (2s+1)/\{(s+1)(s^2+1)\}} \frac{\alpha s + \beta}{s^2 + 1}$$
$$= \lim_{s \to 0} s \frac{(s+1)(\alpha s + \beta)}{(s+1)(s^2+1) + 2s + 1} = 0$$

となる。

【8 章】

(1) リカッチ方程式は

$$2P - \rho^{-1}P^2 + 1 = 0$$

である。これを解いて

$$P = \rho \pm \sqrt{\rho^2 + \rho}$$

を得るが，正定解は

$$P = \rho + \sqrt{\rho^2 + \rho}$$

だけである。よって式 (8.5) より最適入力は

$$u = -(1 + \sqrt{1 + \rho^{-1}})x \qquad (解 8.1)$$

となる。これを制御対象の状態方程式に代入すれば，最適な $x(t)$ は

$$\dot{x} = -\sqrt{1 + 1/\rho}\, x \qquad (解 8.2)$$

を満たす。式 $(解 8.1)$, $(解 8.2)$ をもとに，最適解 $x(t)$, $u(t)$ のグラフは**解図 8.1, 8.2** のようになる。

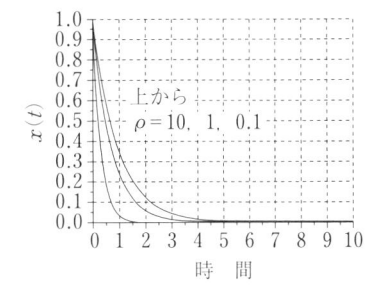

解図 8.1

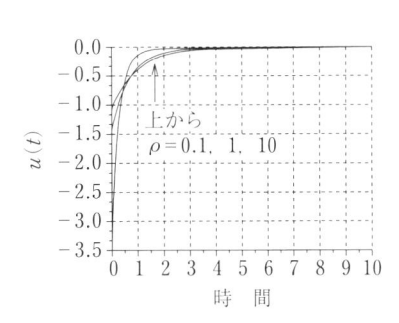

解図 8.2

（2） $P=\begin{bmatrix} p & q \\ q & r \end{bmatrix}$ とおくと，式(8.4)から

$$-q^2+1=0, \quad p-rq=0, \quad 2q-r^2=0$$

を得る。第1式より $q=\pm 1$ を得るが，第3式から q は正でなければならないので $q=1$ である。また，同式から $r=\pm\sqrt{2}$ となるが，P が正定行列であるので，$r=\sqrt{2}$ である。最後に第2式から $p=\sqrt{2}$ を得る。よって

$$P=\begin{bmatrix} \sqrt{2} & 1 \\ 1 & \sqrt{2} \end{bmatrix}$$

である。

定義により，ハミルトン行列は

$$H=\begin{bmatrix} 0 & 1 & 0 & 0 \\ 0 & 0 & 0 & -1 \\ -1 & 0 & 0 & 0 \\ 0 & 0 & -1 & 0 \end{bmatrix}$$

である。この特性方程式を計算すると

$$\det(sI-H)=s^4+1=0$$

であるので，特性根は

$$s=\frac{\sqrt{2}}{2}(-1\pm j), \quad \frac{\sqrt{2}}{2}(1\pm j)$$

となる。実部が負である解は前者である。これらに対する固有ベクトルは

$$\begin{bmatrix} 0 & 1 & 0 & 0 \\ 0 & 0 & 0 & -1 \\ -1 & 0 & 0 & 0 \\ 0 & 0 & -1 & 0 \end{bmatrix}\begin{bmatrix} 1 \\ a \\ b \\ c \end{bmatrix}=\frac{\sqrt{2}}{2}(-1\pm j)\begin{bmatrix} 1 \\ a \\ b \\ c \end{bmatrix}$$

を解いて得られ

$$\begin{bmatrix} 1 \\ \sqrt{2}(-1+j)/2 \\ \sqrt{2}(1+j)/2 \\ j \end{bmatrix}, \quad \begin{bmatrix} 1 \\ \sqrt{2}(-1-j)/2 \\ \sqrt{2}(1-j)/2 \\ -j \end{bmatrix}$$

となる。よって，リカッチ方程式の安定化解は

$$P=\begin{bmatrix} \sqrt{2}(1+j)/2 & \sqrt{2}(1-j)/2 \\ j & -j \end{bmatrix}\begin{bmatrix} 1 & 1 \\ \sqrt{2}(-1+j)/2 & \sqrt{2}(-1-j)/2 \end{bmatrix}^{-1}$$

$$=\begin{bmatrix} \sqrt{2} & 1 \\ 1 & \sqrt{2} \end{bmatrix}$$

を得る。

(3) 図 **8.1** の関係から
$$\dot{x}=(A+BF_0)x+B(G\zeta+H_0r)$$
$$\dot{\zeta}-\Gamma\dot{x}=r-Cx$$
が得られる。定義より $\Gamma=C(A+BF_0)^{-1}$, $\Gamma BH_0=-I$ であるので
$$\dot{\zeta}=\Gamma\dot{x}+r-Cx=\Gamma(A+BF_0)x+\Gamma B(G\zeta+H_0r)+r-Cx$$
$$=\Gamma BG\zeta$$
を得る。これから，r から ζ までの伝達関数は明らかに 0 である。

(4) 複素数 λ は
$$\begin{vmatrix} A-\lambda I & B \\ C & 0 \end{vmatrix}=0$$
を満たすとする。このとき $|A-\lambda I|\neq 0$ であるので ($|A-\lambda I|=0$ とすると可制御・可観測性に反する)
$$\begin{bmatrix} A-\lambda I & B \\ C & 0 \end{bmatrix}=\begin{bmatrix} I & 0 \\ C(A-\lambda I)^{-1} & -I \end{bmatrix}\begin{bmatrix} A-\lambda I & B \\ 0 & C(\lambda I-A)^{-1}B \end{bmatrix}$$
となり，両辺の行列式を考えるとわかるように
$$C(\lambda I-A)^{-1}B=0$$
となる。よって，λ は $G(s)$ の零点である。

(5) 式 (8.9), (8.12) から
$$u=F_0(x-x_\infty)+u_\infty=F_0x-F_0x_\infty+u_\infty \tag{解 8.3}$$
を得る。一方，式 (8.8) の第 1 式を
$$(A+BF_0)x_\infty+B(-F_0x_\infty+u_\infty)=0,$$
$$x_\infty=-(A+BF_0)^{-1}B(-F_0x_\infty+u_\infty)$$
と書き直し，これを第 2 式に代入すると
$$r=-C(A+BF_0)^{-1}B(-F_0x_\infty+u_\infty)=H_0^{-1}(-F_0x_\infty+u_\infty)$$
となり，これを式 $(解 8.3)$ に代入すれば式 (8.13) を得る。

(6) 非可観測と仮定すると，**6** 章の問題解答中の補題 **6.1** により，ある複素数 λ と零でないベクトル x が存在し
$$(A-PBR^{-1}B^TP)x=\lambda x \tag{解 8.4}$$
$$(PBR^{-1}B^TP+Q)x=0 \tag{解 8.5}$$
となる。式 $(解 8.5)$ の両辺に左から x^T を掛けると
$$x^TPBR^{-1}B^TPx+x^TQx=0$$
となるが，$R>0$, $Q\geqq 0$ であるので
$$B^TPx=0, \quad Qx=0 \tag{解 8.6}$$
でなければならない。第 1 式を式 $(解 8.4)$ に代入すると

となる。式(解 8.6),(解 8.7)から,(Q, A) は非可観測である。しかし,これは仮定(A3)に反する。

【9章】

(1) ゲイン線図に関してはつぎの近似式により折れ線近似を求める。

$$|G(j\omega)| \cong \begin{cases} 1 & (\omega<10) \\ 10^3/\omega^3 & (\omega>10) \end{cases}$$

$$20\log|G(j\omega)| = \begin{cases} 0 & (\omega<10) \\ -60\log\omega & (\omega>10) \end{cases}$$

また,位相線図は

$$\angle G(j\omega) \cong \begin{cases} 0° & (\omega<10/10) \\ -270° & (\omega>10\times10) \end{cases}$$

を用いる。中間の周波数は上の近似線分を直線で結ぶ。これらの近似によるボード線図の折れ線近似と近似によらない線図を,**解図 9.1** に示す。

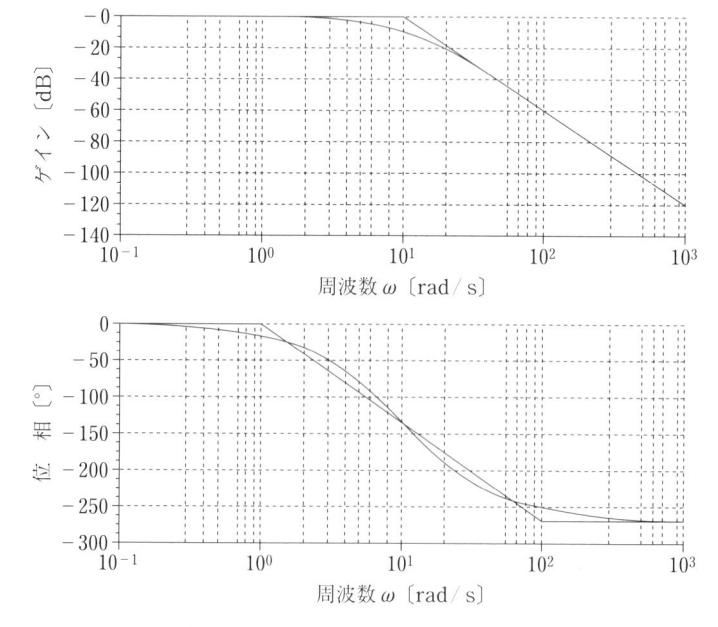

解図 9.1 ボード線図の折れ線近似

(2) $\widetilde{W}(j\omega) = W(j\omega/\alpha)$ とすると，$\widetilde{W}(j\omega)$ のボード線図は，$W(j\omega)$ のボード線図を周波数軸に沿って $\log \alpha$ だけ平行移動した関係にある。よって，$\alpha = e^L$ である。$W(j\omega)$, $\widetilde{W}(j\omega)$ のインパルス応答をそれぞれ $w(t)$, $\widetilde{w}(t)$ とすると，式 (付.3) より

$$\widetilde{w}(t) = \frac{1}{2\pi j}\int_{\bar{B}_r} \widetilde{W}(s)e^{st}ds = \frac{1}{2\pi j}\int_{\bar{B}_r} W\left(\frac{s}{\alpha}\right)e^{st}ds$$
$$= \frac{1}{2\pi j}\int_{B_r} \alpha W(\sigma)e^{\alpha t \sigma}d\sigma = \alpha w(\alpha t)$$

となる。すなわち，$\widetilde{W}(s)$ のインパルス応答は，$W(s)$ のインパルス応答の振幅および応答速度をともに α 倍したものである。同様に，$W(j\omega)$, $\widetilde{W}(j\omega)$ のステップ応答をそれぞれ $h(t)$, $\widetilde{h}(t)$ とすると

$$\widetilde{h}(t) = \frac{1}{2\pi j}\int_{\bar{B}_r} \widetilde{W}(s)\frac{1}{s}e^{st}ds = \frac{1}{2\pi j}\int_{\bar{B}_r} W\left(\frac{s}{\alpha}\right)\frac{1}{s}e^{st}ds$$
$$= \frac{1}{2\pi j}\int_{B_r} W(\sigma)\frac{1}{\sigma}e^{\alpha t \sigma}d\sigma = h(\alpha t)$$

となる。よって，$\widetilde{W}(s)$ の応答速度は $W(s)$ の応答速度の α 倍である。

(3) 閉ループ特性方程式は
$$(s+1)^3 + K = s^3 + 3s^2 + 3s + 1 + K^3 = 0$$
である。係数はすべて正である。また，ラウス表は

1	3
3	$1+K^3$
$\dfrac{8-K^3}{3}$	
1	

であるので，閉ループ系が安定であるために
$$8 - K^3 > 0$$
でなければならない。よって，安定条件は $0 < K < 2$ である。

一方，開ループ伝達関数 $L(s) = \left(\dfrac{K}{s+1}\right)^3$ は安定なので，狭義のナイキスト判別法を用いることができる。$L(s)$ のナイキスト軌跡を**解図 9.2** に示す。図より，ナイキスト軌跡が負の実軸と交差する点を C とすると，C が原点 O と点 $-1+j0$ の間にあるとき制御系は安定である。C 点の位相は $-180°$ であるので，この点の周波数を ω とすると
$$\angle(1+j\omega)^3 = 180° \to \angle(1+j\omega) = 60°$$
を満たす。よって，$\omega = \sqrt{3}$ となり，点 C は
$$L(j\sqrt{3}) = \left(\frac{K}{j\sqrt{3}+1}\right)^3 = -\frac{K^3}{8}$$

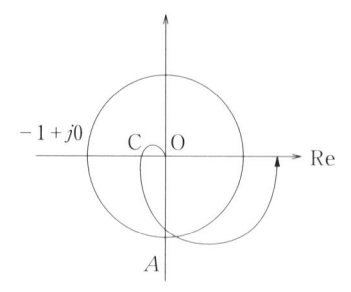

解図 9.2 ナイキスト軌跡

で与えられる．したがって，点 C が原点 O と点 $-1+j0$ の間にある条件は $0<K<2$ となる．

(4) 前問(3)の解答から，$K=1.5$ のとき，点 C の座標は $(-1.5^3/8,\ 0)$ である．よって，ゲイン余裕は $8/1.5^3=2.4$，dB で表すと $10.6\,\mathrm{dB}$ である．位相余裕を求めるため

$$\left|\frac{1.5}{j\omega+1}\right|^3=1$$

を解くと $\omega=\sqrt{1.5^2-1}=1.12$ を得る．よって，点 A は $L(1.12j)=\left(\dfrac{K}{1.12j+1}\right)^3$ である．したがって，位相余裕は

$$180°-3\angle(1+1.12j)=180°-3\tan^{-1}1.12=36°$$

である．

(5) $L(s)=K\dfrac{e^{-Ts}}{s}\ (K>0)$ のナイキスト線図の概形を**解図 9.3**に示す．軌跡が実軸と最初に交差する周波数は

$$\mathrm{Im}\!\left(\frac{e^{-j\omega T}}{j\omega}\right)=0$$

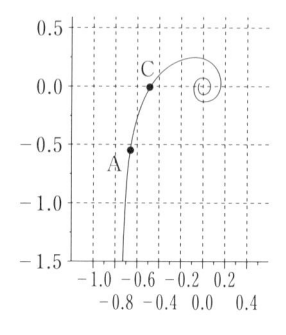

解図 9.3

を満たすので $\omega=\dfrac{\pi}{2T}$ を得る。したがって，点Cの座標は $-\dfrac{2TK}{\pi}+j0$ であり，安定性条件はナイキストの安定判別法により

$$0<K<\dfrac{\pi}{2T}$$

である。位相余裕を求めるため，$|L(j\omega)|=1$ とすると $\omega=K$ を得る。このときの位相は

$$\angle L(j\omega)=\angle\dfrac{e^{-KTj}}{j}=\dfrac{e^{-j\pi/6}}{j}=-\dfrac{\pi}{2}-\dfrac{\pi}{6}=\dfrac{2}{3}\pi$$

となる。よって，位相余裕は

$$\pi-\dfrac{2}{3}\pi=\dfrac{\pi}{3}$$

である。

(6) $\varDelta=0$ のとき，安定である。一方，$L(s)=\dfrac{10}{(s+10)^2+10}$ を式(9.16)に代入すると，ロバスト安定条件は

$$\left|\dfrac{j\omega(j\omega+10)}{100}\dfrac{10}{(j\omega+10)^2+10}\right|<1 \qquad (解\,9.1)$$

で与えられる。式(解9.1)の左辺は

$$\left|\dfrac{j\omega}{j\omega+10}\dfrac{(j\omega+10)^2}{10\{(j\omega+10)^2+10\}}\right|=\left|\dfrac{j\omega}{j\omega+10}\right|\left|\dfrac{1}{10\{1+10/(j\omega+10)^2\}}\right|$$

と書き換えられ，第1項は

$$\left|\dfrac{j\omega}{j\omega+10}\right|=\left|\dfrac{1}{1+10/j\omega}\right|=\dfrac{1}{\sqrt{1+(10/\omega)^2}}<1$$

である。また，第2項は

$$\left|\dfrac{10}{(j\omega+10)^2}\right|<\dfrac{1}{10}$$

により

$$\left|\dfrac{1}{10\{1+10/(j\omega+10)^2\}}\right|<\dfrac{1}{10(1-0.1)}=\dfrac{1}{9}$$

である。よって，式(解9.1)が成立し，制御系はロバスト安定である。

【10章】

(1) 伝達関数が $S(s)$ であるシステムに，入力 $r(t)=A_r\cos(\omega t+\phi_r)$ が加わえられたとき，定常状態における出力は，ゲインと位相の定義より

$$|S(jw)|A_r\cos(\omega t+\phi_r')$$

となる。ϕ_r' は適当な定数。同様に,伝達関数が $T(s)$ であるシステムの入力 $w(t) = A_w \cos(\omega t + \phi_w)$ に対する定常出力は
$$|T(jw)|A_w \cos(\omega t + \phi_w')$$
となる。よって,**図10.1**のシステムでは
$$E(s) = S(s)R(s) + T(s)W(s)$$
であるので,その定常出力は
$$e(t) = |S(jw)|A_r \cos(\omega t + \phi_r') + |T(jw)|A_w \cos(\omega t + \phi_w')$$
となる。これにより
$$|e(t)| \leq ||S(jw)|A_r \cos(\omega t + \phi_r') + |T(jw)|A_w \cos(\omega t + \phi_w')|$$
$$\leq |S(jw)|A_r + |T(jw)|A_w$$
が成立する。

(2) 閉ループ伝達関数の変動率 $\dfrac{\widetilde{T}-T}{\widetilde{T}}$ に,$T = \dfrac{L}{1+L}$, $\widetilde{T} = \dfrac{\widetilde{L}}{1+\widetilde{L}}$ を代入すれば,簡単に導かれる。読者自身で確かめてほしい。

(3)
$$\left|\frac{a-j\omega}{a+j\omega}\right| = \frac{\sqrt{a^2+\omega^2}}{\sqrt{a^2+\omega^2}} = 1,$$
$$\angle \frac{a-j\omega}{a+j\omega} = \angle(a-j\omega) - \angle(a+j\omega) = -2\tan^{-1}\frac{\omega}{a}$$
$$|e^{-Tj\omega}| = 1, \quad \angle e^{-Tj\omega} = -T\omega$$
による。

【11章】

(1) 状態変数 $x_1 \sim x_3$ を以下のように定める。
$$x_1 = i, \quad x_2 = y, \quad x_3 = \dot{y}$$
これらにより式(11.1)は
$$L_a\dot{x}_1 + R_a x_1 + K_e x_3 = u, \quad J\dot{x}_3 + Dx_3 = K_e x_1, \quad \dot{x}_2 = x_3$$
と書ける。よって状態方程式は
$$\begin{bmatrix} \dot{x}_1 \\ \dot{x}_2 \\ \dot{x}_3 \end{bmatrix} = \begin{bmatrix} -R_a/L_a & 0 & -K_e/L_a \\ 0 & 0 & 1 \\ K_e/J & 0 & -D/J \end{bmatrix} \begin{bmatrix} x_1 \\ x_2 \\ x_3 \end{bmatrix} + \begin{bmatrix} 1/L_a \\ 0 \\ 0 \end{bmatrix} u, \quad y = \begin{bmatrix} 0 & 1 & 0 \end{bmatrix} \begin{bmatrix} x_1 \\ x_2 \\ x_3 \end{bmatrix}$$
となる。

(2) ゲイン補償後の閉ループ特性方程式は
$$s(s+1)(0.1s+1) + K_g = 0$$
である。よってフルビッツの判定法により,安定性条件は

$$\begin{vmatrix} 1.1 & K_g \\ 0.1 & 1 \end{vmatrix} = 1.1 - 0.1 K_g > 0, \quad K_g > 0$$

すなわち

$$0 < K_g < 11$$

となる。

(3) $C_a(s)$ の位相進み角の最大値を求めるため，$\angle C_a(j\omega)$ を ω で微分すると

$$\frac{d}{d\omega} \angle C_a(j\omega) = \frac{d}{d\omega} \{\tan^{-1}(T\omega) - \tan^{-1}(\alpha T\omega)\}$$
$$= T\left\{\frac{1}{(1+(T\omega)^2)} - \frac{\alpha}{(1+(\alpha T\omega)^2)}\right\}$$

を得る。よってこれを0とおき，ω を求めると

$$\omega = \frac{1}{\sqrt{\alpha}\, T}$$

となる。したがって，位相の最大進み角 ϕ_m は

$$\angle C_a(j\omega) = \tan^{-1}\left(\frac{1}{\sqrt{\alpha}}\right) - \tan^{-1}(\sqrt{\alpha}) = \tan^{-1} \frac{1-\alpha}{2\sqrt{\alpha}}$$

である。

(4) 限界感度法：

$$\angle P(j\omega) = \angle \frac{1}{1+j\omega} - \frac{3}{4}\pi\omega$$

であるので，この値が $-\pi$ となる ω は $\omega = 1$ である。このとき

$$P(j1) = \frac{1}{1+j} e^{-\frac{3\pi j}{4}} = \frac{1}{\sqrt{2}} e^{-\frac{\pi j}{4}} e^{-\frac{3\pi j}{4}} = -\frac{1}{\sqrt{2}}$$

である。よって，ゲイン補償器のゲインを $\sqrt{2}$ にしたとき（ゲイン余裕の値）持続振動が発生する。振動の角周波数は $\omega = 1$ であるので，周期は 2π である。よって，**表11.2** により PID 調節器のパラメータは

$$K_P = 0.6\sqrt{2} \fallingdotseq 8.4, \quad T_I = 3.14, \quad T_D \fallingdotseq 0.785$$

となる。

過渡応答法：

式(11.20)と比較すると

$$K = 1, \quad T = 1, \quad L = \frac{3\pi}{4} \fallingdotseq 2.36$$

である。よって，**表11.1** より

$$K_P = \frac{1.2T}{LK} = 0.51, \quad T_I = 2L = 4.72, \quad T_D = 0.5L = 1.18$$

が得られる。

(5) 一般化制御対象の伝達関数行列は，式(11.17)より

$$G(s) = \left[\begin{array}{c|c} 100/(s+1) & -1\,000/\{(s+1)(s+10)\} \\ 0 & 10(s+20)/(s+10) \\ \hline 1 & -10/(s+10) \end{array}\right]$$

となる。

また，与えられた問題に対して図 11.13 の一般化制御対象のブロック線図を具体的に示すと，**解図 11.1** となる。よって，状態方程式は

$$\dot{x}_1 = -10x_1 + 10u$$
$$\dot{x}_2 = -x_2 + 100(w - x_1)$$
$$\dot{x}_1 = -10x_1 + 10u$$
$$z_1 = x_2$$
$$z_2 = \dot{x}_1 + 20x_1 = 10x_1 + 10u$$
$$y = -x_1 + w$$

で与えられる。

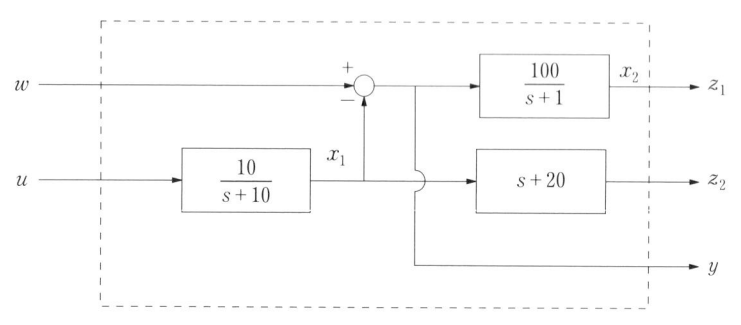

解図 11.1 混合感度問題に関する一般化制御対象のブロック線図

【12 章】

(1) (①⇔②の証明)

M の固有値を λ_1, λ_2 とする。M は実対称行列であるので λ_1, λ_2 は実数であり，適当な直交行列 R によって

$$R^T M R = \begin{bmatrix} \lambda_1 & 0 \\ 0 & \lambda_2 \end{bmatrix}$$

と変換できる。よって，任意の x に対して $\tilde{x} = R^T x$ とおくと

$$x^T M x = \tilde{x}^T R^T M R \tilde{x} = \lambda_1 \tilde{x}_1{}^2 + \lambda_2 \tilde{x}_2{}^2$$

であるので
　　M は正定行列
　　⇔ 任意の $x \neq 0$ に対して，$x^T M x > 0$
　　⇔ 任意の $\tilde{x} \neq 0$ に対して，$\lambda_1 \tilde{x}_1^2 + \lambda_2 \tilde{x}_2^2 > 0$
　　⇔ $\lambda_1 > 0, \lambda_2 > 0$
となる。
(② ⇔ ③ の証明)
M が正定行列であるとき
$$0 < \begin{bmatrix} 1 & 0 \end{bmatrix} \begin{bmatrix} m_{11} & m_{12} \\ m_{12} & m_{22} \end{bmatrix} \begin{bmatrix} 1 \\ 0 \end{bmatrix} = m_{11}$$
であるので，$m_{11} > 0$ は M が正定行列であるための必要条件である。また，$x^T = [\alpha \ 1]$ とおくと，任意の実数 α に対して
$$x^T M x = m_{11} \alpha^2 + 2 m_{12} \alpha + m_{22} > 0$$
であるので，判別式は負，すなわち
$$m_{12}^2 - m_{11} m_{22} < 0$$
でなければならない。これは，$|M| > 0$ と等価である。

逆に $m_{11} > 0$ かつ $m_{11} m_{22} - m_{12}^2 > 0$ であれば，任意の $x^T = [x_1 \ x_2](\neq 0)$ に対して
$$x^T M x = m_{11} x_1^2 + 2 m_{12} x_1 x_2 + m_{22} x_2^2$$
$$= m_{11} \left(x_1 + \frac{m_{12}}{m_{11}} x_2 \right)^2 + \frac{m_{11} m_{22} - m_{12}^2}{m_{11}} x_2^2 > 0$$
である。

(2) ファンデアポール方程式の線形化方程式
$$\frac{d}{dt} \begin{bmatrix} x_1 \\ x_2 \end{bmatrix} = \begin{bmatrix} 0 & 1 \\ -1 & \mu \end{bmatrix} \begin{bmatrix} x_1 \\ x_2 \end{bmatrix}$$
を用いてリアプノフ関数の候補を決める。このため，$Q = I$ として，行列方程式 (12.24) の解 P を求める。本例では $P = \begin{bmatrix} p & q \\ q & r \end{bmatrix}$ とおくと，式 (12.24) は
$$\begin{bmatrix} p & q \\ q & r \end{bmatrix} \begin{bmatrix} 0 & 1 \\ -1 & \mu \end{bmatrix} + \begin{bmatrix} 0 & -1 \\ 1 & \mu \end{bmatrix} \begin{bmatrix} p & q \\ q & r \end{bmatrix} = -\begin{bmatrix} 1 & 0 \\ 0 & 1 \end{bmatrix}$$
となる。これを解くと
$$P = \begin{bmatrix} -\left(\dfrac{1}{\mu} + \dfrac{\mu}{2} \right) & \dfrac{1}{2} \\ \dfrac{1}{2} & -\dfrac{1}{\mu} \end{bmatrix}$$

が得られる。よって，リアプノフ関数候補は
$$V(x) = x^T P x = -\left(\frac{1}{\mu} + \frac{\mu}{2}\right)x_1^2 + x_1 x_2 - \frac{1}{\mu}x_2^2$$
となる。これは$\mu<0$であるので正定である。つぎに$V(x(t))$の時間微分を計算すると
$$\dot{V}(x(t)) = -x_1^2 - x_2^2 - x_1^3 x_2 + 2 x_1^2 x_2^2$$
となり，x_1, x_2が十分に小さいとき，$\dot{V} = \frac{\partial}{\partial x}Vf$は負定になる。したがって，定理$12.1$により，平衡点$x=0$は漸近安定である。

(3) 平衡点は
$$x_2 = 0$$
$$-x_1 + x_1^3 - x_2 = 0$$
を解くことにより得られ
$$(0, 0), \quad (1, 0), \quad (-1, 0)$$
の3点である。各平衡点に関する線形化方程式を求めると，それぞれ
$$(0, 0): \dot{\tilde{x}}_1 = \tilde{x}_2, \quad \dot{\tilde{x}}_2 = -\tilde{x}_1 - \tilde{x}_2$$
$$(1, 0): \dot{\tilde{x}}_1 = \tilde{x}_2, \quad \dot{\tilde{x}}_2 = 2\tilde{x}_1 - \tilde{x}_2$$
$$(-1, 0): \dot{\tilde{x}}_1 = \tilde{x}_2, \quad \dot{\tilde{x}}_2 = 2\tilde{x}_1 - \tilde{x}_2$$
となる。$(0, 0)$は漸近安定，それ以外は不安定である。

索　引

【あ】

アクチュエータ	1
安　定	37, 37
安定化補償器	72
安定極	36
安定限界	36
安定である	36
安定判別法	37

【い】

位相遅れ補償	123
位相進み補償	120
位相余裕	102

【お】

折れ点周波数	94

【か】

外部変数	44
可観測	44
可観測性行列	49
可観測性グラミアン	49
可制御	44
可制御性行列	47
可制御性グラミアン	45
過渡応答	8
過渡応答法	131
感度関数	109

【き】

幾何学的重複度	22
逆ラプラス変換	150
狭義のナイキストの安定判別法	98
行列指数関数	12

【け】

ゲイン補償器	119
ゲイン余裕	102
限界感度法	132
検出器	2
検出信号	2
検出量	2

【こ】

コンパニオンフォーム	23

【さ】

最小位相推移系	114
最適レギュレータ問題	79
サーボ系	3, 73

【し】

時間応答	8
システム	3
——の軌道	9
——の極	34
——の次数	7
実システム	134
実数の範囲のモード分解	24
時定数	55
時不要システム	7
時変システム	7
自由運動	10
出力	3
出力ベクトル	5, 136
出力方程式	5, 136
状態空間	9
状態遷移方程式	5, 136
状態ベクトル	5, 136
状態変数	5, 136

状態方程式	5
乗法的なモデルの不確かさ	103
ジョルダンセル	22
ジョルダンの標準形	21
ジョルダンブロック	22
自励系	10

【す】

スカラー系	7

【せ】

制御器	2
制御対象	1
制御量	1
正定関数	143
接線近似による線形化	137
設定値	2
遷移行列	8
(全状態) オブザーバ	70

【そ】

操作器	1
操作信号	2
操作量	1
相　似	21
相似変換	21
相補感度関数	109

【た】

対角化可能	22
代数的重複度	22
多変数系	7

【ち】

直流サーボモータ	117

直列結合系	63	
【つ】		
追従制御系	73	
【て】		
定常偏差	75	
伝達関数	51	
伝達行列	14, 51	
【と】		
等　価	19	
等価変換	19	
特性多項式	15	
【な】		
ナイキストの安定判別法	97	
内部変数	45	
内部モデル原理	76	
【に】		
入　力	3	
入力ベクトル	5, 136	
【は】		
ハミルトン行列	82	
【ひ】		
非縮退行列	22	

非線形システムの線形化	134	
非線形状態方程式	134, 136	
【ふ】		
ファンデアポールの方程式	140	
不安定	36	
不安定極	36	
フィードバック結合系	64	
フィードバッグ制御	1	
フィードフォワードコントローラ	77	
プラント	1	
フルビッツである	37	
フルビッツの行列式	40	
【へ】		
平衡点	136	
——の方程式	136	
閉ループ極	67, 74	
閉ループ系の特性多項式	74	
閉ループ特性方程式	66	
並列結合系	63	
ベクトル線図	90	
【ほ】		
ボード線図	92	

【も】		
目標値	2	
目標値に対してL型	75	
モード分解	23	
【よ】		
余因子行列	15	
【ら】		
ラウス表	37	
ラプラス変換	150	
ラプラス変換可能である	150	
【り】		
リアプノフ関数	42	
リアプノフの安定定理	145	
リアプノフの意味で漸近安定	36	
リアプノフ方程式	41	
【れ】		
レギュレータ系	3	
【ろ】		
ロバスト安定	74	
ロバスト追従性能	74	

【Z】		
Ziegler-Nicholsの方法	131	

【数字】		
1次遅れ系	55	

1自由度制御系	77	
2自由度制御系	77	

―― 著者略歴 ――

荒木　光彦（あらき　みつひこ）
- 1966 年　京都大学工学部電子工学科卒業
- 1968 年　京都大学大学院工学研究科修士
　　　　　課程修了（電子工学専攻）
- 1971 年　京都大学大学院工学研究科博士
　　　　　課程単位修得退学(電子工学専攻)
　　　　　工学博士（京都大学）
- 1971 年　京都大学助手
- 1976 年　京都大学講師
- 1981 年　京都大学助教授
- 1986 年　京都大学教授
- 2006 年　京都大学名誉教授
- 2006 年　松江工業高等専門学校校長
- 2012 年　松江工業高等専門学校名誉教授
- 2015 年　大阪電気通信大学理事
- ～18 年

細江　繁幸（ほそえ　しげゆき）
- 1965 年　名古屋大学工学部金属学科卒業
- 1967 年　名古屋大学大学院工学研究科博士
　　　　　前期課程修了（金属学専攻）
- 1967 年　名古屋大学助手
- 1973 年　工学博士（名古屋大学）
- 1974 年　名古屋大学講師
- 1976 年　名古屋大学助教授
- 1989 年　名古屋大学教授
- 1999 年　理化学研究所 BMC センター
- 2006 年　名古屋大学名誉教授
- 2007 年　理研-東海ゴム人間共存ロボット
　　　　　連携センター　連携センター長
- 2012 年　理化学研究所名誉研究員

フィードバック制御
Feedback Control Systems

Ⓒ 公益社団法人 計測自動制御学会 2012

2012 年 5 月 25 日　初版第 1 刷発行
2019 年 9 月 5 日　初版第 3 刷発行

検印省略

編　者	公益社団法人 計測自動制御学会	
著　者	荒　木　光　彦	
	細　江　繁　幸	
発行者	株式会社　コロナ社	
	代表者　牛来真也	
印刷所	新日本印刷株式会社	
製本所	有限会社　愛千製本所	

112-0011　東京都文京区千石 4-46-10
発行所　株式会社　コロナ社
CORONA PUBLISHING CO., LTD.
Tokyo Japan
振替 00140-8-14844・電話(03)3941-3131(代)
ホームページ　http://www.coronasha.co.jp

ISBN 978-4-339-03357-1　C3353　Printed in Japan　（新宅）

本書のコピー，スキャン，デジタル化等の無断複製・転載は著作権法上での例外を除き禁じられています。購入者以外の第三者による本書の電子データ化および電子書籍化は，いかなる場合も認めていません。
落丁・乱丁はお取替えいたします。

計測・制御テクノロジーシリーズ

(各巻A5判，欠番は品切または未発行です)

■計測自動制御学会 編

	配本順			頁	本体
1.	(9回)	計測技術の基礎	山﨑 弘郎／田中 充 共著	254	3600円
2.	(8回)	センシングのための情報と数理	出口 光一郎／本多 敏 共著	172	2400円
3.	(11回)	センサの基本と実用回路	中沢 信明／松井 利一／山田 功 共著	192	2800円
4.	(17回)	計測のための統計	寺本 顕武／椿 広計 共著	288	3900円
5.	(5回)	産業応用計測技術	黒森 健一 他著	216	2900円
6.	(16回)	量子力学的手法によるシステムと制御	伊丹 松井／乾 全 共著	256	3400円
7.	(13回)	フィードバック制御	荒木 光彦／細江 繁幸 共著	200	2800円
9.	(15回)	システム同定	和田 奥／田中 大松 共著	264	3600円
11.	(4回)	プロセス制御	高津 春雄 編著	232	3200円
13.	(6回)	ビークル	金井 喜美雄 他著	230	3200円
15.	(7回)	信号処理入門	小畑 秀文／浜田 望／村 安孝 共著	250	3400円
16.	(12回)	知識基盤社会のための人工知能入門	國藤 進／中田 豊久／羽山 徹彩 共著	238	3000円
17.	(2回)	システム工学	中森 義輝 著	238	3200円
19.	(3回)	システム制御のための数学	田村 捷利／武藤 康彦／笹川 徹史 共著	220	3000円
20.	(10回)	情報数学 ―組合せと整数およびアルゴリズム解析の数学―	浅野 孝夫 著	252	3300円
21.	(14回)	生体システム工学の基礎	福岡 豊／岡山 孝憲／内村 泰／野 伸 共著	252	3200円

定価は本体価格+税です。
定価は変更されることがありますのでご了承下さい。

◆図書目録進呈◆